生物はウイルスが進化させた

巨大ウイルスが語る新たな生命像

武村政春　著

ブルーバックス

カバー装幀／芦澤泰偉・児崎雅淑
カバー写真／ Science Faction／アフロ
本文イラスト／永美ハルオ
本文デザイン・図版制作／鈴木知哉＋あざみ野図案室

はじめに　巨大ウイルスが問いかける「謎」

前著『巨大ウイルスと第4のドメイン』刊行後の二〇一五年六月一〇日。私はいつになく興奮していた。

幼い子どもがサンタクロースを心待ちにするのと同じように、私もまた、そわそわと落ち着きなく研究室を歩き回っていた。あるモノが到着するのを待っていたのである。

じつのところここ数年、これほどまでに「待ち遠しい」という感覚を体中で覚えたことはなかったのだが、このときばかりは、まさにろくろ首のように「首を長くして」、その「あるモノ」を今か今かと待ち構えていたのであった。

そうして、夕方になってようやく受け取ったその荷物の送り主は、フランス・エクスマルセイユ大学の研究者ベルナルド・ラ・スコラ博士。何重にも梱包され、大きな発泡スチロールに覆《おお》われていたのは、小さな保存用プラスチックチューブの中に入った、一ミリリットルほどのカルピスのような液体であった。

むろん、わざわざフランスから輸入しなければならないほど、カルピスに飢《う》えていたわけではない。確かに子どもの頃からカルピスが大好きだが、そこら辺ですぐに買えるものをフランスから送ってもらう理由にはならない。

それは、顕微鏡で見なければならないほど小さな〝微生物〟が、うようよと大量に含まれている液体であった。あまりにも大量にいるために液体が濁り、あたかもカルピスであるかのような様相を呈していたのである（図1）。

その〝微生物〟の名は、*Acanthamoeba polyphaga mimivirus*。日本語で「ミミウイルス」とよばれる、文字どおり「ウイルス」であった。

正確にいえば、ウイルスは微生物、すなわち生物ではない。生物ではないにもかかわらず、思わず〝微生物〟という言葉が出てきてしまうほどに、このウイルスは〝特殊〟な存在だった。じつはラ・スコラ博士は、この特殊なウイルスの第一発見者である。

カルピスみたいで美味しそうだからといって、うっかり飲んでしまっては大変だ。ミミウイルスの宿主《しゅくしゅ》（感染する相手の生物のこと）は、「アカントアメーバ」という文字どおりアメーバの仲間の原生生物だが、もしかしたら私たちヒトにも感染してしまうかもしれない。だからもちろん、飲むなんてことはしない。飲むのはミミウイルスではなく、むしろ固唾《かたず》のほうだった。


本書のテーマは、ウイルスである。

多くの人の脳裏には、ウイルスといえばインフルエンザウイルスやコンピュータウイルスなどが思い浮かぶに違いない。どちらも、私たちの日常の生活に割り込んでくる厄介者というイメージだ。もちろんそれは間違いではなく、たとえばインフルエンザウイルスは、私たち人間に「インフルエンザ」とよばれる症状を引き起こし、ときには死をもたらす災厄であるし、コンピュータウイルスもまた、誤作動や個人情報流出などを引き起こす嫌われ者だ。

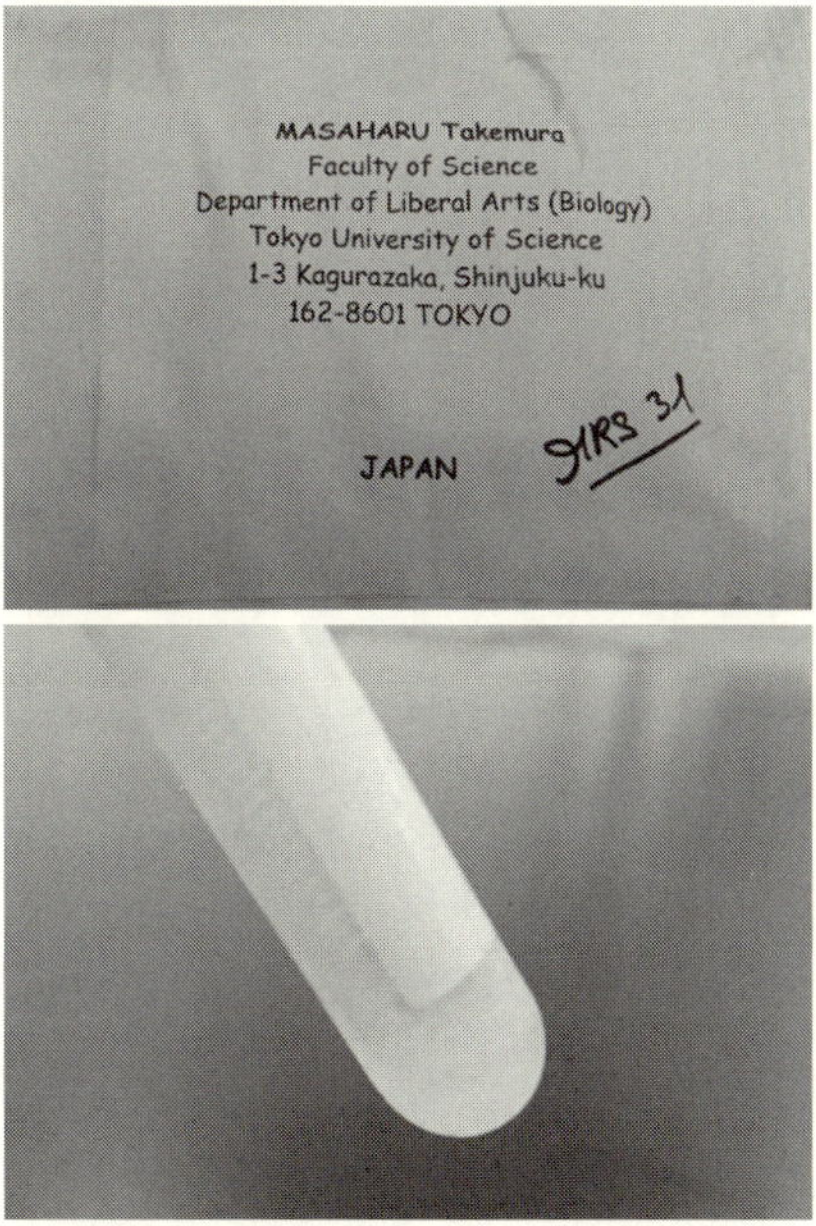

図1　ラ・スコラ博士から届いたミミウイルス

（上）荷札　（下）ミミウイルス溶液が入った容器

ところが最近、そうした古来の常識的ウイルス観が、覆《くつがえ》されようとしている。「ウイルス＝厄介者」という考え方がきわめて狭い考え方に則っていたことに、研究者たちが気づき始めたのである。さらには現在、「ウイルス＝地球生態系になくてはならない恩人たち」という構図もでき始めている。そのきっかけの一つとなったのが、ミミウイルスの発見だったのである。

ミミウイルスが「特殊」であると述べたのは、それがのちに「巨大ウイルス」という名前でよばれることになる、従来のウイルスとは異なるさまざまな特徴・性質を備えていたからだ。

「巨大」とはいっても、それまで肉眼では見えなかったウイルスが、一気に肉眼で見えるほど巨大になったわけではない。あくまでも、「従来のウイルスに比べれば」の話である。とはいえ、その巨大さには大いなる意味があって、それこそがとてつもなく偉大な一面であったのだ。それではいったい、巨大ウイルスとはどういう者たちで、この地球生態系でどのような役割を演じてきたのか。

本書は、巨大ウイルスたちの世界をまずは謙虚に見つめ直したうえで、そこから浮かび上がってくる生物世界の成り立ちに関するまったく新しい見方を、読者諸賢に提供しようとするものである。

私はすでに、『新しいウイルス入門』（講談社ブルーバックス、二〇一三年）、『巨大ウイルスと第4のドメイン』（同、二〇一五年）という二冊の本を上梓しているが、もちろん本書はその焼き直しではなく、「つづき」でもない（図版の一部に共通するものはあるが）。これらの本では、巨大ウイルスの紹介と、そこから導かれる新たな生命論的な話をつづったわけだけれども、本書では、巨大ウイルスが私たちに問いかけているさまざまな「謎」を、重箱の隅をつつくようにつぶさに観察して、洗いざらいさらけ出そうと考えている。
「生物はウイルスが進化させた」という本書のタイトルからは、ウイルス＝ラスボス的な、何となく恐ろしげなイメージが想起されるが、もちろん巨大ウイルスが私たち人類に対してとてつもなく悪いことをして、その結果世界を破滅へと導く、といった終末的な意味ではなく、ウイルス至上主義的な主張を意味してもいない。もしかしたら彼らは、ウイルスに対する考え方のみならず、私たちがこれまで培《つちか》ってきた「生物」に対する見方、「生命」に対する見方を、根底から覆す存在なのではないか——、そういう意味であると思っていただきたい。

　まさにそれによって、「生物とは何か」「ウイルスとは何か」、そして「生物の進化とは何か」を問い直す「コペルニクス的な転回」を余儀なくされる、そんな存在こそが「巨大ウイルス」なのかもしれないのである。

　巨大ウイルスの発見を一つのきっかけとして、ウイルスという存在はこれまで私たちが認識してきたよりもきわめて奥が深く、また私たちには見えていなかった広大な世界を築き上げていることが明らかになりつつある。

　巨大ウイルスを含めた一部のウイルスは、そうした広大な世界の中で、ある一つの「ファミリー」を形成している。そのファミリーは、きわめて多様性に富み、膨大で、かつ私たち生物と密接に関係している。これはすなわち、私が前著で「第4のドメイン」として扱ったものであるが、それではなぜそのような巨大「ファミリー」が、これまで注目されてこなかったのだろう。なぜ私たちは、その存在に気づかなかったのだろう。じつに不思議な話である。

いったい、巨大ウイルスとは何なのか。そしてそれは、私たち人類に、どのような思考の転回をもたらす可能性を秘めているのか。

本書は、そんな謎に満ちた巨大ウイルスたちと、生物——すなわち、私たち自身——に関する、ちょいと不思議な物語である。

——巨大ウイルスの「ファミリーヒストリー」が、今まさに始まろうとしている。

二〇一七年三月

武村　政春

もくじ

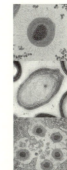

第2章 巨大ウイルスが作る「根城」——彼らは細胞の中で何をしているのか

第3章 不完全なウイルスたち
——生物から遠ざかるのか、近づくのか

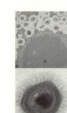

第1章

巨大ウイルスのファミリーヒストリー

——彼らはどこから来たのか

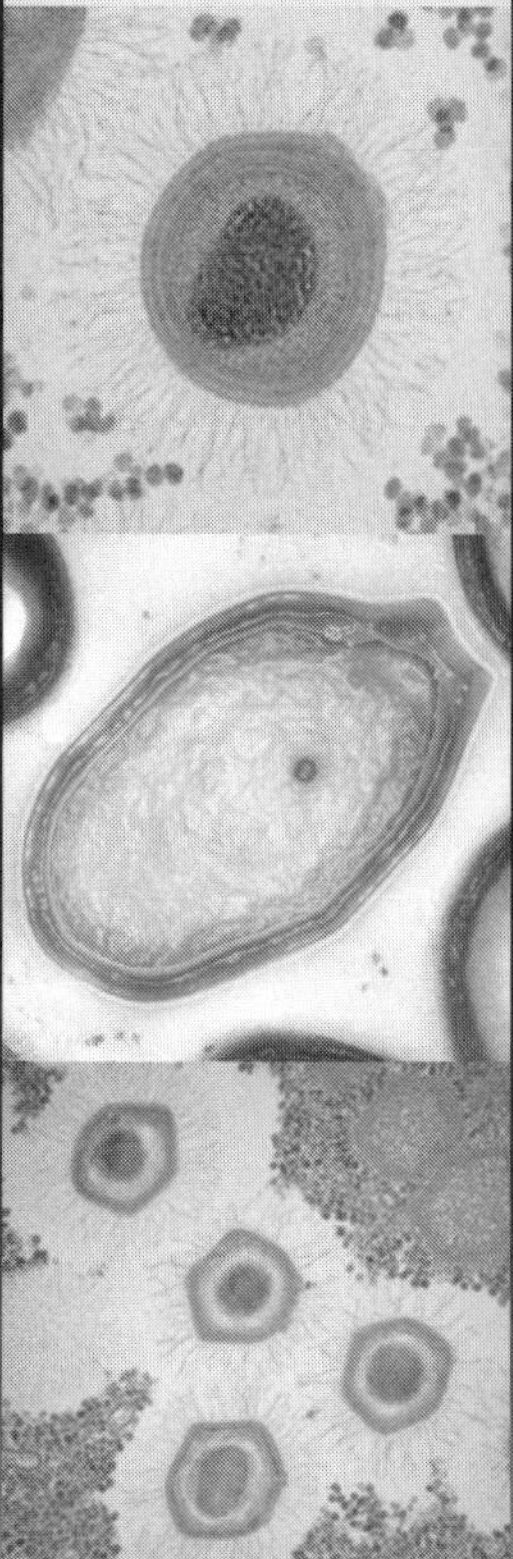

ミミウイルスの到着からひと月ほど経った二〇一五年七月一二日は、よく晴れたきわめて暑い日曜日であった。

私はその日、サンプリング（採集して実験のサンプルとすること）のための道具一式をもち、五歳になる三男を連れて、自転車に乗って荒川へと向かった。

日本から巨大ウイルスを探そう——。そう思い立ってから、すでに半年以上が経過していた。それまで私は、考えられるあらゆる水環境から、さまざまな水をサンプリングし、巨大ウイルスの宿主としての地位を〝確立〟していたアカントアメーバへの添加実験を繰り返してきた。しかしその都度《つど》、アカントアメーバには何の変化も見られず、がっかりするという経験もまた、数多く繰り返してきた。

このときも、アカントアメーバに変化をもたらすようなウイルスを見つけることができるかどうか、なんら確証はなかった。三男を連れていったのは、天気のよい日曜日だったこともあって、ピクニックを兼ねてひとっ走りしようと考えたからであり、それもまた、「今度もやっぱり出ないかもな～」という思いを最小限にして、サンプリングに出かけるモチベーションを高めるため、という目的を含んでいたように思う。

荒川の河岸道路に着くと、サンプリングができそうな、川べりまで下りられる場所を探しながらサイクリングをした。しばらく走って京葉道路付近にうってつけの場所を見つけると、自転車を停《と》め、三男と一緒に河川敷の湿地帯まで下りていった。三男は面白がって、裸足で泥の中にまで入り込んでいく。「お～い、あまり遠くまで行くなよ～、危ないよ～」と声をかけ、ときどき彼を目で追いながら、私はそれとは反対側の泥の中から、二〇〇ミリリットル程度の泥水を、専用のサンプリング瓶の中に採取した。

その後、私たちは近くの川べりでおにぎりを食べながら休息し、太陽が真上に上がりきった頃、帰途についたのだった。

翌月曜日、大学で一コマ目の授業をこなした後、私は早速、このサンプルを濾過《ろか》し、添加できる状態に調整してアカントアメーバにふりかけ、特殊な培養プレートで培養を開始した。

それからおよそ五〇日後――。このサンプルからようやく、ある一つのウイルスを見つけることに成功した。それが、私が初めて分離した、そしておそらく日本で分離された初めての巨大ウイルスである、「トーキョーウイルス」である。

1-1　見えていなかったもの

「目で見える」とはどういうことか

ウイルス研究は現在、大きな過渡期を迎えている。

これまでのウイルス研究は、私たちヒトに対して「悪さ」をする、いわゆる病原性ウイルスの研究がほとんどすべてだった。事実、ウイルスという言葉がすぐさま「病気の原因」を連想させるのは、研究者を含む私たち人間のほぼ全員が、ウイルスをそういう目で見てきた証拠である。「目で見えることだけがこの世のすべてではない」というフレーズは、すでにありふれたものになっている。誰が最初に言い出したのかは、この際どうでもよい。こうしたフレーズは、私たち人間自身が、万事に対してまだまだ無知であり、知るべきことが山ほど残っている、という意味で用いられることが多く、私のような科学者の端くれにとっても、非常に身近なものである。

はたして「目で見える」とは、どのようなことをいうのだろうか。

人間の目（眼）は非常に精巧にできており、通常、そこにあるものであればどのようなものでも見えるはずである。私は今、東京・飯田橋にある某喫茶店でこの原稿を書いている。パソコンの画面が目の前にあり、私にはそこに打ち込まれていく文字列が見えている。打ち込んでいる指の動きが見え、注文したコーヒーゼリーが見える。隣に座った男性が、髪の毛をかきむしりながら新聞を読んでいるようすが見える。窓の外を行き交う人々の忙しげな姿も見える。

私に見えるこうした事象は、おそらくもう一方の隣に座った女性にも見えていることであろう。むろん、見ようと思って見る場合と、見ようと思っていなくても自然に見えてしまう場合とがあるから、どのように見えているかは一概にはいえないが。

こうした事象は、いわば「肉眼で見える」ものであり、私たちが通常「目で見える」といった場合には、この「肉眼で見える」ことを指していることがほとんどである。

しかし、考えてみると、私たちが肉眼で見ることができるのは、きわめて限られた世界にすぎない。平たくいえば、私たちはたいてい、ミリメートル以上のサイズをもつものしか見ることができないから、それよりも小さいもの（ゴミの粒子とか、ダニの子どもとかバクテリアとか）は見えないことになっている（表1）。

状況	名称	サイズのスケール
でかすぎて見えない	宇宙全体	光年
特殊な望遠鏡を使えば見える	宇宙の果ての銀河	
望遠鏡を使えば見える	銀河系	
	太陽系	キロメートル
肉眼で見える	地球	
	ヒト	メートル
	米粒	ミリメートル
	ほこり	
光学顕微鏡を使えば見える	ダニ	マイクロメートル
	ゴミの粒子	
	ヒトの細胞	
	バクテリア	
	巨大ウイルス	ナノメートル
電子顕微鏡を使えば見える	インフルエンザウイルス	
	ノロウイルス	
	原子・分子	ピコメートル以下
小さすぎて見えない	素粒子	

表1　目で見えるもの、目で見えないもの

だから、私たちの体に棲《す》み、私たちの健康に良い影響を与えてくれている共生バクテリア（腸内細菌や皮膚の常在細菌など）の存在に気づくことはない。下手をすれば、そうした〝パートナー〟を排除しかねない、さまざまな抗菌グッズ（と標榜しているもの）が使われていたりする。

こうしたレベルの「目で見える」は、一般の人も研究者も関係なく「目で見える」ものである。この「目で見える」レベルを拡張するのが、虫眼鏡や光学顕微鏡、望遠鏡などの「補助装置」である。これらによって、私たちの「目で見える」範囲は格段に広がる。どれも比較的安価に手に入るため、一般の人もこうした補助装置を使って「目で見える」範囲を広げることができる。

しかし、「目で見える」レベルをさらに拡張するためには、電子顕微鏡やハッブル宇宙望遠鏡などといった、通常は研究者しか使わないような高価な補助装置を使わなければならない。一般の人にとっては、こうした補助装置を使わなければならないものは、もはや「目で見える」とはいいがたかろう。

「見えていなかった」ということ

目で見えないものは、わからない——。これは多くの人間にとって、共通認識となっている事実だろう。小柴昌俊博士や梶田隆章博士にノーベル物理学賞をもたらした「ニュートリノ」は、それこそ「カミオカンデ」のような超特殊な補助装置を使わなければ、まったくもって「目で見えない」ミクロな物体である。逆に、大きすぎる宇宙もまた、私たちの目には（大きすぎて）「目で見えない」代物だ。これは一般の人にとってだけではなく、じつは科学者にとっても例外ではない。

だから私たち研究者は、目で見えないものを目で見えるようにすることを、まず研究の第一歩とするのである。そうすることで、科学者本人以外の第三者もまた、それを見ることができ、客観性が保証される。こうしてようやく、科学的な議論を始めることができるのだ。

視点を変えれば、私たちは「目で見えない」ものがいることをきちんと認識しているということである。レーウェンフックが微生物を発見して以来の、むろんそれは常識である。その意味で、そうした微生物たちは、実際には「目で見えない」ものであっても、「目で見える」といえる。電子顕微鏡でしか見えないものでも、それがいることを認識しているがゆえに、実際には「目で見えない」けれども、じつは「目で見える」存在なのだ。しかし、頭ではわかっていても、実際にはそれらを考慮のうちに入れることはほとんどないこともまた事実であろう。

一方において私たちは、目で見えているものですら、じつは「見えていなかった」なんていう経験も、山ほどしている。眼鏡をかけているにもかかわらず一日中眼鏡を探し続けている、などという手垢のついた話は別にしても、たとえば「そこにあるお餅をとって」といわれ、手元を見てもお餅らしきものがなく、「お餅なんてないじゃん」といったとたん、「これだっつーの」と、手元のかまぼこを指さされたなどという奇怪な話は、おそらくその代表例だろう。

研究においてもまさしくそうであって、専門分野に凝り固まった私のような研究者も、つねにその危険性――見えているのに見えていないという危険性――と隣り合わせで、研究を続けているのである。

ウイルスの形

さて、ウイルスの基本的な形は、「カプシド」というタンパク質でできた殻が、遺伝子の本体である核酸、すなわちDNAもしくはRNAを包み込んだ形である(図2上)。これら核酸は、ウイルスの「ゲノム」としての役割をもつ。ゲノムとは、生物の遺伝情報の全体(DNAやRNAの全体)を指していう言葉である。私たちヒトの全遺伝情報を意味する「ヒトゲノム」という言葉を聞いたことがあると思うが、ヒトにゲノムがあるのと同様に、ウイルスにもゲノムがある。

ウイルスの中には、カプシドの周囲をさらに「エンベロープ」(封筒の意)という脂質でできた膜で覆っているウイルスもいる(図2下)。文字どおりウイルスの「封筒」だ。インフルエンザウイルスやエボラウイルスなどがこれに該当し、エンベロープに、細胞にとりつくために使うタンパク質を埋め込んでいて、それを使って細胞にとりつくのである。とはいっても、ノロウイルスのようにエンベロープをもたないウイルスもいるので、やはりウイルスの基本形は「核酸がカプシドで包まれている」状態であるといえよう。

またウイルスには、ゲノムとしてDNAをもつものと、RNAをもつものがおり、このゲノムの種類が、ウイルスの分類上重要な基準となっている。前者をDNAウイルス、後者をRNAウイルスという。インフルエンザウイルス、エボラウイルス、ノロウイルス、ライノウイルスなどよく知られたウイルスの多くはRNAウイルスだが、ヘルペスウイルスや天然痘ウイルス、そして本書の主役である「巨大ウイ

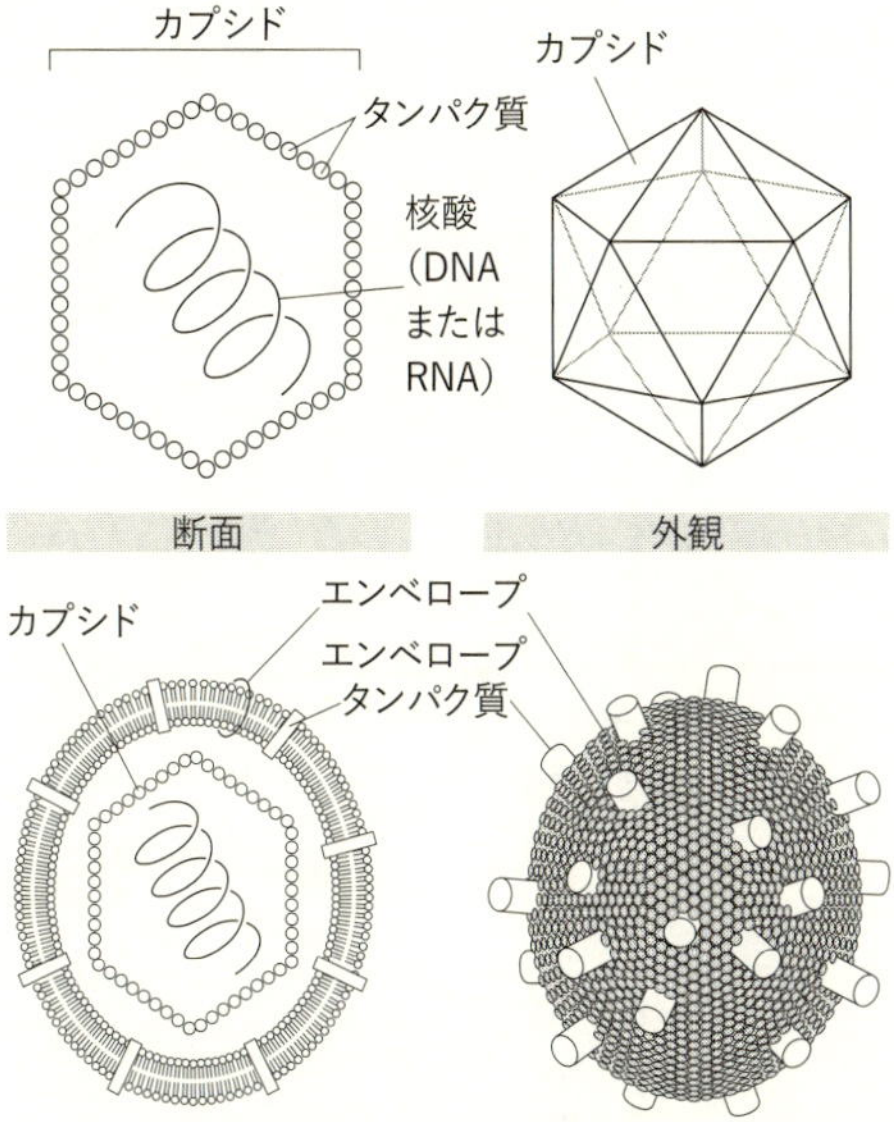

図2　ウイルスの基本的な形と構造

（上）ウイルスは、核酸と、それを包み込むカプシドでできている。外観は一般に正20面体をしている。
（下）エンベロープウイルスでは、カプシドの周囲がさらに脂質二重膜（エンベロープ）で覆われる。

ルス」は、そのすべてがDNAウイルスである。

さて、「核酸がカプシドで包まれている」というきわめて簡単な構造をしているウイルスは、その小ささゆえに、「目で見えない」。肉眼では見ることができないし、さらに十数ナノメートルから二〇〇ナノメートル程度というその小ささゆえに、通常の光学顕微鏡を使っても、まず見ることはできない（ナノメートルは、一〇〇万分の一ミリメートル）。

だからこそ私たちは、ウイルスの存在を日常生活で実感することはほとんどなく、それを実感するのは、ウイルスが体内で大量に増殖した結果、なんらかの体の不調を訴えるときだけである。とはいえ、先の言い方をすれば、ウイルスは実際には「目で見えない」ものであるが、その存在が認識されているがゆえに「目で見える」存在である、ともいえる。

見えないウイルス

近年、「腸内フローラ」という言葉が人口に膾炙《かいしゃ》している。専門的には「腸内細菌叢《そう》」とよばれるもので、動物の腸（主に大腸）の中に生息する腸内細菌の世界を総称した言葉である。まるでお花畑のように、多種多様な細菌が生息しているので、腸内「フローラ（flora：花の女神に由来する）」と名づけられている。

この腸内細菌たちは、私たち動物と共生関係にある。私たちは彼らに住処《すみか》と栄養分を与え、彼らは彼らで、私たちにさまざまな利益を与えてくれる。その、彼らからもたらされる利益に、昨今注目が集まっている。いわゆる悪玉菌の増殖を抑えたり、彼らにしかできない消化作用を駆使して私たちに希少な栄養を与えてくれたりする。要するに、私たちが健康でいられるのは腸内細菌のおかげである、といったようなことだ。

腸内細菌もまた肉眼では見ることができないが、ともすれば彼らの存在は、私たちにとってウイルスよりも身近である。なにしろウンチの体積の多くは、腸内細菌が占めているのだから。もしも悪さをするような細菌が入り込んだら、抗生物質を使うことで排除できる。他にも、夏場に放っておくと、みそ汁が腐る。牛乳が腐る。みんな細菌のしわざである。

しかし、ウイルスはそうではない。糞便中にもおそらく含まれているが、それをあえて口に出すのは、「ノロウイルスはウンチの中に出てくるから、手をきちんと洗いましょうねえ」などというときくらいである。

抗生物質は、その名のとおり「生物」である細菌やカビなどにのみ有効なのであって、ウイルスは生物ではないため、効かないのだ。だからたいていの場合、ウイルス性の風邪（普通感冒など）への対処は、主として対症療法となる。夏場に食品を放っておいても、そこでウイルスが大繁殖する、ということはまずない。ノロウイルスが食品に付着し、それを摂取してノロウイルス感染症になるのは確かだが、ノロウイルスが食品の中で大量に増殖することはない。

ウイルスを見ることができるのは、電子顕微鏡という特殊な顕微鏡によってだけ。この肉にはノロウイルスがついているんじゃないかといって、一般の人がそうそう確かめられるような代物ではない。ウイルスは、簡単には「目で見えない」のである。

だからこそ、ウイルスは古来、恐怖の対象として、私たち人間に語り継がれてきたのである。見えないからこそ、恐ろしい。ウイルス（virus）の語源は「毒」だ。肉眼でも見えず、普通の顕微鏡でも見えず、通常の細菌だったら除去できるはずの濾過器でも除去できなかったがゆえに、研究者も医者も、かつてはそれを「濾過性病原体」とよんでいたのである。

そのようなウイルス観を大きく覆す出来事が、二〇〇三年に起こった。普通の光学顕微鏡でも「見える」ほどの巨大なウイルスが見つかったのだ。それが、「ミミウイルス」である。

不可思議な球菌の発見

ミミウイルスは、その名のとおり「ウイルス」だから、生物の分類における「微生物」にはあたらない。先ほど「抗生物質は効かない」と述べたように、ウイルスは生物ではないからである。とはいえ、「はじめに」で思わず微生物とよびたくなるほどだと述べたのは、まさにこのウイルスこそ、巨大にして複雑、そして微生物の仲間に本気で組み入れたいと研究者をして思わせるほど、魅力的な存在だからに他ならない。

ミミウイルスは一九九二年、イギリス・ブラッドフォードにあった病院の冷却塔の水中から発見された。当時ブラッドフォードで発生した肺炎の原因を探るための調査の一環として、英国リーズの公衆衛生研究所にいた研究者ティモシー・ロウボサムが、冷却塔の水からアメーバ培養によってさまざまな病原細菌を分離していた中で、偶然に見出したものである。それは光学顕微鏡を使い、細菌用の染色法によって染まって見えるほどの大きさをもっていた。

そのような発見の経緯とその大きさゆえに、ミミウイルスは当初、「ウイルス」とは思われず、「細菌」の一種と思われて、「ブラッドフォード球菌」という名がつけられたのだった。

よくある誤解だが、「細菌」と「ウイルス」とはまったく違う。前者は生物だが、後者は生物ではない。繰り返しになるが、前者には抗生物質が有効だが、後者にはまったく効かない。したがって、ウイルスが原因でかかる風邪に抗生物質を処方しても、なんの効果もない。

ミミウイルスは、「ウイルス」であったにもかかわらず、当人がまったくあずかり知らぬところで、ウイルスとはまったく異なる「細菌」のレッテルを貼られてしまったのであった。

ところが、この「細菌」からは不思議なことに、「16ＳリボソームＲＮＡ」とよばれる、細菌であれば必ずもっていなければならない遺伝子が、どこをどう探しても発見できなかった。よく遺伝子の増幅に用いられる「ポリメラーゼ連鎖反応（ＰＣＲ）法」でこの遺伝子を増幅させようとしても、どうしてもできなかったのだ。

16ＳリボソームＲＮＡは、「リボソーム」という、生物だったら必ずその細胞内にもっている「タンパク質合成装置」の一部をなす、きわめて重要な遺伝子だ。新しい生物が見つかると、まずこの遺伝子を解析するというのが、この世界ではよく行われる（ただし、真核生物の場合は18ＳリボソームＲＮＡ遺伝子がこれに該当する）。その結果、その新しい生物がどの生物の仲間で、どの分類に当てはまるのかがほぼわかる。

それほど重要な遺伝子が「見つからない」というのだからどうしようもない。この不可思議な「細菌」がいったいどのような細菌であるのか、ついぞわからないままとなってしまった。

しかし、やがて転機が訪れることになる。

それはウイルスだった

一九九五年、ロウボサムの下にいた研究者リチャード・バートルズは、フランスの感染症研究の大家で微生物学者のディディエ・ラウルト（ラウールとも）の下にポスドクとして異動し、ロウボサムが見つけた「細菌」を持ち込んだ。そして、この「細菌」研究の中心となったのが、ラウルトのグループにいた細菌学者ベルナルド・ラ・スコラであった。

電子顕微鏡で「ブラッドフォード球菌」をよくよく観察してみると、まず、それが「イリドウイルス」とよばれる昆虫や魚などに感染するＤＮＡウイルスに形が非常によく似ており、「正二〇面体」を呈していることがわかった（21ページ図２参照）。そして、ウイルスによく見られる「暗黒期」が存在することを見つけた。暗黒期とは、ウイルスが宿主の細胞に感染し、カプシドの殻を分解して内部のゲノムを細胞内に放出する際に、見かけ上、ウイルス粒子の姿が見えなくなる時期のことである。さらに、イリドウイルスで見られるような、細胞内に形成される特殊な領域＝「ウイルス工場」（第２章の主役である）が見られることも明らかにした。

これらの事実から、結論としてようやく、「あ、こりゃウイルスだわ」ということになったのである。これを「細菌」と見なしたのは、完全な誤りであった。それなら、16ＳリボソームＲＮＡ遺伝子が見つからなかったのもうなずける。ウイルスは、リボソームをもっていないからだ。

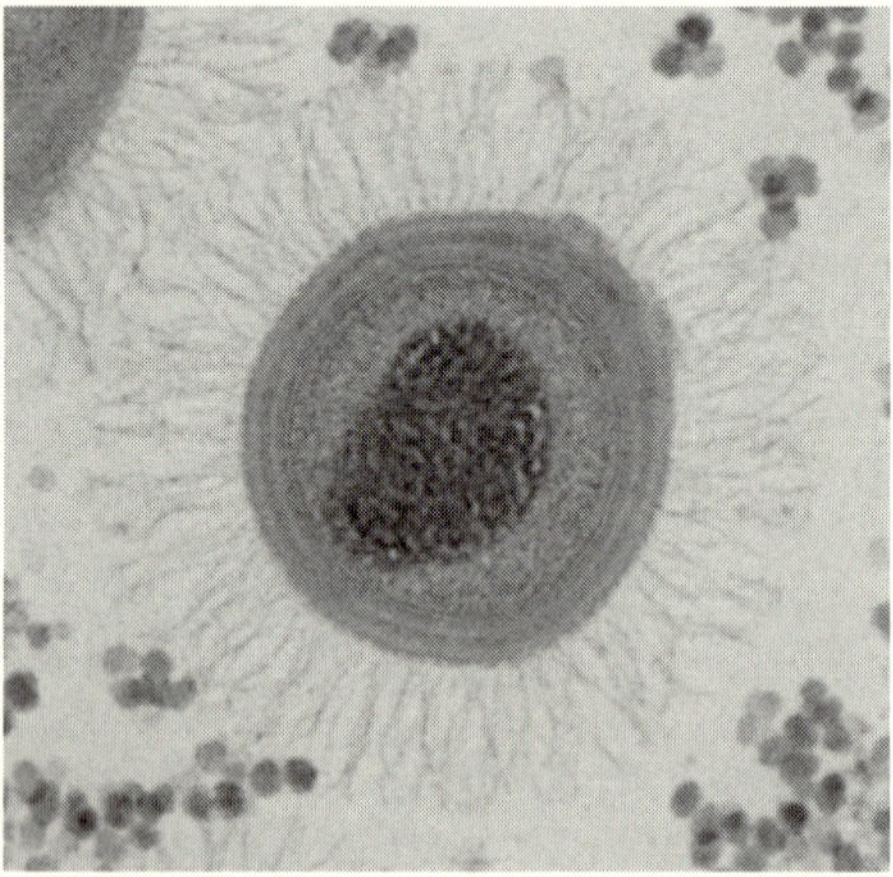

図3　ミミウイルス（APMV）
[撮影：東京理科大学武村研究室（花市電子顕微鏡技術研究所）]

と同時に、驚くべきことに、その大きさが、マイコプラズマやリケッチアなどの小型の細菌と同程度に大きく、光学顕微鏡でも十分に見えることから——それがために「細菌」だと思われてしまったという要素もあったわけだけれども——、結論として「めちゃくちゃでかいウイルスだわ」ということになったのである。

そして二〇〇三年、ブラッドフォード球菌はじつは細菌ではなく「ウイルス」であり、細菌に似ている（mimic）という意味で「ミミウイルス」と名づけられ、その論文が著名な科学誌『サイエンス』に掲載された。ちなみに、このウイルスが感染するのはアカントアメーバであり、最初に発見されたときのその学名が「*Acanthamoeba polyphaga*」であったところから、「はじめに」で紹介した「*Acanthamoeba polyphaga mimivirus*（ＡＰＭＶ）」という名がつけられたのだった（図3）。

——こんなにもでっかいウイルスがいるとは！

解析した科学者たちの驚きも相当なものだったと思うが、この巨大なウイルスの存在は、論文を読んだ生物学者にも、「腰を抜かさんばかりの」という形容が適切かどうかはわからないものの、とにかく相当なレベルの驚きをもたらしたようである。

1-2　ミミウイルス

ミミウイルスを「見る」

さて、ラ・スコラ博士からミミウイルスを送ってもらったのは、私の研究室でも二〇一五年から巨大ウイルスの研究を始めたからだ。動機を話し始めると長くなるので省略するが、メインの動機の一つは、まだ日本から巨大ウイルスが見つかっていなかったので、ちょいと探し出してみたいと考えたからである。しかしながら、まだ実際に生で巨大ウイルスを見たことがなかったので、生のミミウイルスのようすを参考にするために、ラ・スコラ博士にサンプルの送付を依頼したというわけだ。

そうして送られてきたカルピス状のミミウイルスは、そのままでは濃すぎるため、PBSとよばれる生理的食塩水の高級な溶液（生きた細胞がたくさんあっても、液を極端に酸性に偏《かたよ》らせないはたらきがある）で段階的に希釈してから、培養していたアカントアメーバ（*Acanthamoeba castellanii*）に添加した。

それ以前は、ウイルスがいるかいないかわからないサンプルばかりをアカントアメーバに添加していたので、相当なストレスが溜まっていたが、今回は安心感があった。なにしろ「そこにいる」ことがわかっていたし、アカントアメーバが何かしらの反応をすることが目に見えていたからである。実際、培養上清でブラウン運動を繰り返す無数のミミウイルス粒子の中にあって、アカントアメーバがいかにも元気なく、その大海原に浮かんでいるのを、私たちは目《ま》の当たりにすることができたのだった。

ミミウイルスを添加して一日も経つと、顕微鏡で見たアカントアメーバのようすは明らかに違っていた。生きているアカントアメーバ（そのようすが、フラスコの底にへばりついているか、浮かんでいても丸く輪郭がはっきりしているもの）は劇的に少なくなり、培養液にはアカントアメーバが分解した後の残骸のようなものと、細かく揺曳《ようえい》する小さなツブツブが犇《ひしめ》いていた。そのようすは、明らかにコンタミネーション（細胞を培養しているのに、関係ない細菌やカビなどが生えてしまい、培養がダメになってしまうこと）とは異なるものだった。

これがミミウイルスか！

大げさではなく、そのときの感動を、私は今でも鮮明に思い出すことができる。思わず唸り声を上げ、まるで金縛りにあったかのように体を動かすことがないまま、長い間顕微鏡から目を離すことができなかったものである。

やはりミミウイルスは、通常の光学顕微鏡でも十分に、その姿を見ることができたのだった。そして、感染したアカントアメーバごと電子顕微鏡で見ると、より詳細で、「毛目玉」のようにびっしりと毛を生やした、文献で見慣れた姿を私たちに見せてくれたのである。

ミミウイルスの構造

毛目玉というのは、水木しげるの『ゲゲゲの鬼太郎』に登場する、ほんとうに目玉くらいに小さく、手足があってテケテケと歩く、「髪さま」という妖怪の手先となってはたらくかわいらしい妖怪である（図4）。「毛」目玉というネーミングから推測されるように、目玉のような本体の周囲に無数の毛が生えている。ミミウイルスも、まさにそんな感じの外観をしており、周囲がびっしりと「毛」で覆われている。もちろん、ミミウイルスに目玉はない。

毛とはいったが、ミミウイルスの毛は私たちの毛髪のようなケラチン質に富むものではなく、「表面繊維」とよばれる、おそらくは糖タンパク質（糖質が結合したタンパク質）を主成分とする繊維状の物質である。この繊維は、ミミウイルスがアメーバの細胞内に侵入する際に、その表面にくっつくのに重要な役割をはたしているらしい。それが、やはりタンパク質（ただし別のタンパク質）でできた「ウイルス粒子」の表面に、びっしりと生えている。

ウイルス粒子は、三層ほどのカプシドで覆われ、その内側に脂質二重膜という、私たちの細胞の表面を形作る「細胞膜」と同じ成分でできた膜があり、さらにその内側に、遺伝子の本体であるＤＮＡを主体とする「コア」とよばれる物体が納まっている（図５）。

この、三層のカプシドの層のうち、最も外側にあるカプシドの直径が、四五〇〜五〇〇ナノメートルほどあり、さらにその外側の表面繊維の部分を含めると、ミミウイルス粒子の直径はゆうに七五〇〜八〇〇ナノメートルにも達する（図５）。これは十分に、電子顕微鏡を使わなくても見える大きさである。

ミミウイルスが発見されるまで、粒子の大きさが最も大きいとされていたのは、天然痘ウイルスなどに代表される「ポックスウイルス」の仲間で、三〇〇ナノメートル前後のサイズだった。

その記録を、表面繊維の層を含めるとはいえ、二倍以上に更新したミミウイルスの発見は、まさ

図4 「毛目玉」ミミウイルスを漫画化すると、こんな姿になる（かもしれない）

（©水木プロ『水木しげる漫画大全集 033 ゲゲゲの鬼太郎5』「髪さま」p.331）

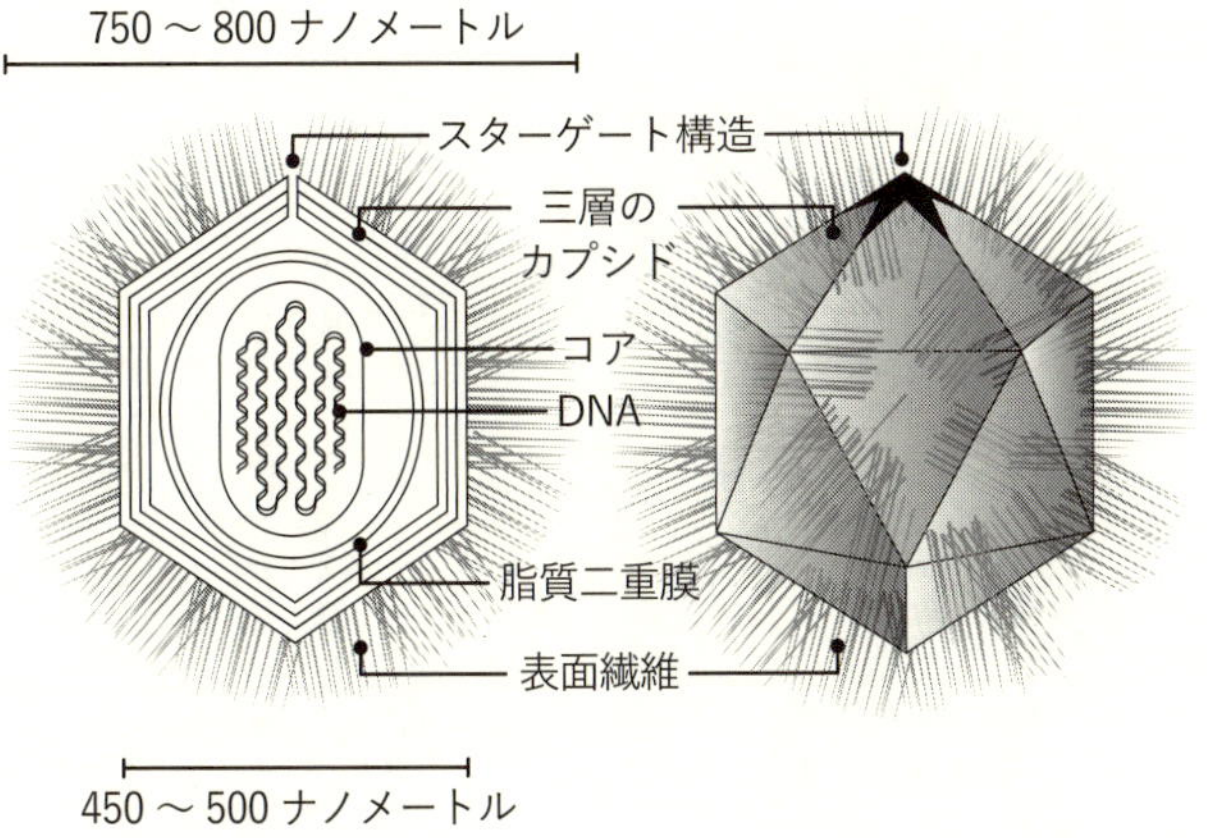

図5　ミミウイルスの構造

（左）ミミウイルスの断面図。ゲノムDNAを含むコアが脂質二重膜で覆われ、その外側を三層のカプシドが覆う。さらにその周囲には、表面繊維の層がある。
（右）ミミウイルスの俯瞰図。表面繊維がびっしりと生えており、スターゲート構造が垣間見える。

に衝撃であった。

不思議である。なぜこんなにでっかいウイルスが、それまで誰の目にも触れなかったのか。いや、おそらく触れていたはずである。これほど大きなウイルスが、微生物学者の目に触れないはずはないのだ。目に触れたとしても、誰もそれをウイルスだと思わなかったという、ただそれだけの話なのだろう。「目で見えていた」のに見えていなかったのだ。先の、餅とかまぼこの話と同じである。

通常の光学顕微鏡でも、特殊な試薬で染めることで、ミミウイルス粒子はアカントアメーバ細胞内にぶつぶつと大量に存在するのがよく見える。25ページで述べたように、ミミウイルスが当初「細菌」だと思われたのは、これも原因の一つだったとされる。ティモシー・ロウボサムが、「グラム染色」とよばれる方法でアカントアメーバを染めたところ、見事に染色されたツブツブが見えたことから、誤って「グラム陽性細菌」の一種であると判断してしまったのだ。ちょうど間が悪いことに、ミミウイルスの表面繊維が、このグラム染色によって染色されてしまったからである。

なんとも人騒がせなウイルスなのであった。

DNAを放出せよ!

ミミウイルスの外見的な特徴の一つに、「スターゲート構造」というものがある。

ミミウイルスは、通常私たちが「ウイルス」という言葉からイメージする、正二〇面体のカプシドが基本形で(21ページ図2参照)、その周囲に、表面繊維がびっしりと生えている(図5)。スターゲート構造というのは、その正二〇面体の一二個ある頂点のうちの一つから放射状に伸びた五本の辺が、まるでヒトデがへばりついたように見える構造のことである(図5)。面白いことに、電子顕微鏡で見ても、この「ヒトデ」は非常に目立って見える(図6左上)。

この〝ヒトデ〟がいったい何をしているのかというと、「スターゲート」という名前のとおり、ミミウイルスはこの「ゲート」を開くことで、ゲノムDNAをアカントアメーバの細胞質中

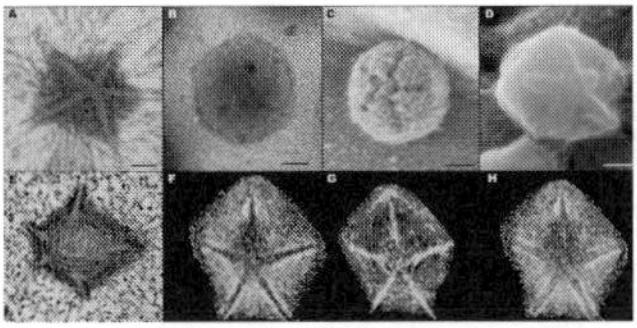

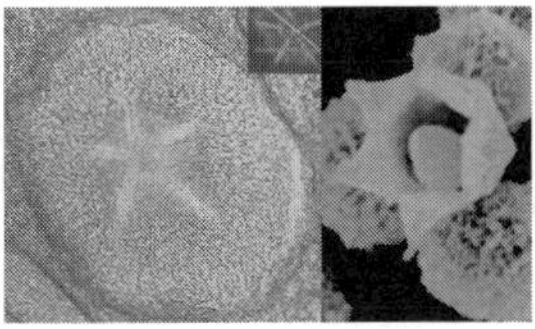

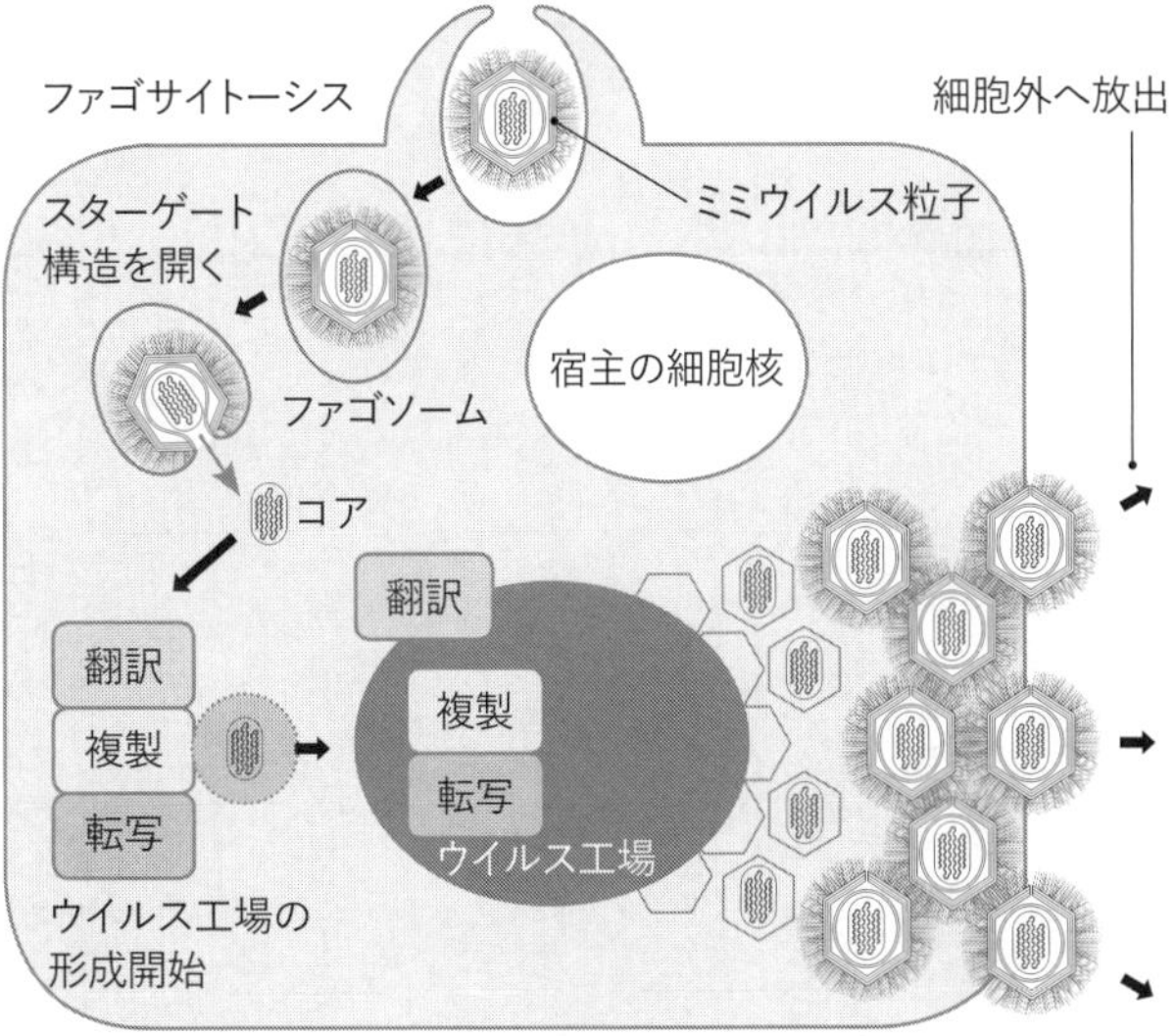

図6　ミミウイルスのスターゲート構造と生活環

(左上) 電子顕微鏡の種類により、さまざまな状態に見える。[出典：Zauberman N et al. (2008) *PLoS Biol.* 6, e114.]
(右上)スターゲート構造が「口」を開けたところ。[出典:Zauberman N et al. (2008) *PLoS Biol.* 6, e114.]
(下) ミミウイルスの生活環。ファゴサイトーシスにより細胞内に侵入したミミウイルスは、スターゲート構造を開け、内部の脂質二重膜をファゴソームに融合させて、コアをアカントアメーバ細胞質に注入する。コア内のゲノムDNAは複製を繰り返し、巨大なウイルス工場を形成する。ウイルス工場ではミミウイルス粒子の組み立てが行われ、多数のミミウイルスがアカントアメーバの細胞膜を破り、放出されていく。

に放出するのである。次章で述べるが、このゲートは残念ながら、DNAを放出するときだけしか使われず、複製したDNAをカプシドに戻す際には用いられないという、きわめてもったいない存在なのだった（そもそも戻し方のしくみが違う）。

さて、アカントアメーバの表面にへばりついたミミウイルスは、アカントアメーバのファゴサイトーシス（貪食《どんしょく》作用）によって、まずその細胞内に取り込まれる。アカントアメーバをはじめとする多くの細胞は、自分の表面にくっついた異物を、「なんじゃこいつ」と思うのかどうなのか、細胞膜で取り囲むようにして食べてしまう性質をもつ。これが貪食作用だ。この貪食作用によって、異物は細胞内の「ファゴソーム」という膜で包まれた空間の中に閉じ込められる。

通常であれば、このファゴソーム内の異物は、アカントアメーバの消化酵素によって、やがては消化されてしまう。消化酵素が詰まった「リソソーム」がファゴソームと融合することで、消化酵素が放出され、異物を消化するしくみになっているのだ。

しかし、ファゴソーム内に取り込まれたミミウイルスは、「座して死を待つ」ような態度は取らない。まず、スターゲート構造を半開きにして、中に納まっていた脂質二重膜を押し出し、ファゴソーム膜と融合させる（図6右上）。その後、スターゲート構造を完全に開いて、内部のゲノムDNAを、結合していたヌクレオタンパク質とともに、コアごとアカントアメーバの細胞質中に放出するのである（図6下）。

いうまでもなく、このようなしくみは決してミミウイルスの「意志」ではなく、司令塔のような存在が判断して「ほら、そこ開いたぞっ！　ＤＮＡを放出せよ！」などと指令を発しているわけではない。ミミウイルスの構造が、自然にそうなるようになっているのであって、そのように進化してきたのである。これぞまさに、大自然の不思議さだ。

アカントアメーバの細胞質に放出されたゲノムＤＮＡは複製を繰り返し、そこに巨大な「ウイルス工場」を作り上げる。この工場で、多数のミミウイルス粒子が生産され、やがてその新しいミミウイルス粒子が、アカントアメーバを壊しながら外部へ放出されていく。これもまた自然の営みだ。ミミウイルスの意志などでは決してない。

この「ウイルス工場」は、第２章のテーマである。詳細についてはそこで述べることにしたい。

ミミウイルスとその仲間たち

二〇〇三年の衝撃的な論文発表以降、ミミウイルスには多くの「仲間」がいることが明らかになってきた。その「仲間」は、現在では「ミミウイルス科」というグループとしてまとめられている。これまでに発見・分離されたミミウイルス科のウイルスは、だいたいどれも、今しがた述べた構造的特徴を共有している。

ミミウイルスには、アカントアメーバを自然宿主（日常的な感染相手）とすると考えられているグループ（グループⅠ）と、それ以外の真核微生物（細胞内に細胞核がある生物である「真核生物」のうち、単細胞生物など顕微鏡レベルの生物たちをこうよぶ）を自然宿主とすると考えられているグループ（グループⅡ）とがある。これまでに発見・分離されてきた種類が圧倒的に多いのがグループⅠで、このグループはさらに三つの系統（A、B、C）に分かれている（表2）。

二〇〇三年に見つかった「初代」ミミウイルスは、このうちの系統Aに属する。この系統は、これまでに、ママウイルス、サンバウイルス、アマゾニアウイルス、クルーンウイルス、ニーマイヤーウイルス、ミミウイルス・ボンベイなど数十種類が、欧州、ブラジル、インドなどから発見・分離されてきた。そのどれもが、カプシドの周囲に表面繊維をもっており、七五〇〜八〇〇ナノメートルに達するほどの大きさを誇っている。

これらのうち、二〇〇八年に発見・分離された「ママウイルス」には、「ヴァイロファージ」とよばれる別のウイルスが付随していることも見出された。「ウイルスに感染するウイルス」などといわれ、それゆえに、バクテリア（細菌）に感染するウイルスをバクテリオファージとよぶがごとく、ヴァイロファージと名づけられたものである。

ママウイルスに「感染」する（正確には、ママウイルスとともにアメーバに感染する）このヴァイロファージには、「スプートニク」という名前がつけられた。その後、ほかのミミウイルスでも、「マヴェリックウイルス」「ザミロン」などのヴァイロファージが次々と発見されている。これらヴァイロファージの存在は、ミミウイルスの「細胞性生物」（これ以降、細胞からできている私たち生物のことを、ときどきこの言葉で表現する）にも匹敵するほどの複雑性の証拠の一つともされており、現在も研究がさかんに行われている（第4章でも登場する）。

グループ	系統	種
グループI	系統A	「初代」ミミウイルス（APMV）
		サンバウイルス
		アマゾニアウイルス
		クルーンウイルス
		ママウイルス
		ヒルドウイルス
		ニーマイヤーウイルス
		ミミウイルス・ボンベイ
		ミミウイルス・シラコマエ
		ミミウイルス・カサイイ
	系統B	ムームーウイルス
	系統C	メガウイルス
グループII		カフェテリア・レンベルゲンシスウイルス

表2　ミミウイルスの分類（よく知られたもののみ記載）

二〇一一年には、従来のミミウイルスよりもやや大きめの「メガウイルス」が発見・分離され、さらに二〇一二年には「ムームーウイルス」が発見・分離された。これらのウイルスは、それ以前に発見・分離されてきた系統Aとは若干異なる遺伝子やゲノムサイズ（ゲノムの大きさ、すなわちDNAやRNAの長さ）をもっていたため、現在ではムームーウイルスが系統B、メガウイルスが系統Cとして分類されている。

なお、本書ではこれ以降、「ミミウイル

ス」といった場合はミミウイルス科グループIのウイルス全般を指すことにし、二〇〇三年に発見されたミミウイルスだけを指す場合は「初代」ミミウイルスと表記することにする。

日本産ミミウイルス

すべての系統を入れると、現在までに、一〇〇種類以上ものミミウイルスが、世界中の水環境から発見・分離されている。二〇一六年には、ついにわが国の水環境からも、私の研究グループによってミミウイルスが発見・分離された。

この「日本産」ミミウイルスは、現在のところこれといってほかのミミウイルスや「初代」ミミウイルスと顕著な違いがあるわけではなく、まあ自慢できることといえば、二〇一五年の初頭に巨大ウイルス研究を始めてから一年も経たずに発見・分離できたことくらいであろう。

この研究に重要な役割をはたしてくれたのは、大学院生の室野晋吾君と三上達也君である。特に室野君は、研究だけでなく、研究室の飲み会や研究室旅行などを取り仕切る研究室のムードメーカーだった。彼らが大学院に入る二〇一五年に、ちょうど私の研究室で巨大ウイルス・プロジェクトを立ち上げたため、時を同じくして大学院に入った彼らは、そのスターティングメンバーとして精力的に研究を進めてきてくれた（図7）。

室野君は大学院の修士課程二年間で、江戸川や隅田川などの東京近郊の川だけでなく、葛西臨海公園（東京湾）、白子海岸、富士五湖、白駒池（長野県）、兼六園の池、浅野川、支《し》笏《こつ》湖（北海道）など、限られた時間で行けるかぎりの場所から水をサンプリングし、その多くからミミウイルスを検出することに成功した。そのうち、白駒池のサンプルから分離したウイルスはゲノム解析まで行い、新たなミミウイルスの分離株として「ミミウイルス・シラコマエ」と命名した。一方の三上君は、葛西臨海公園から分離した新たなミミウイルスの分離株のゲノム解析を行い、新規ウイルスであることを確認して「ミミウイルス・カサイイ」と名づけた。

この二つのミミウイルスが、わが国初の、アジアではミミウイルス・ボンベイに続き二、三番目の、ミミウイルスの分離例となったのである（図８）。

これらの分離の過程では、ミミウイルスがどのような影響をアカントアメーバにもたらすのかについての基礎知識の存在が、やはり大きくものをいった。

基礎知識といっても、文献上の知識だけではダメだ。自らの目で、実際にそのようすを観察した経験がなければ、

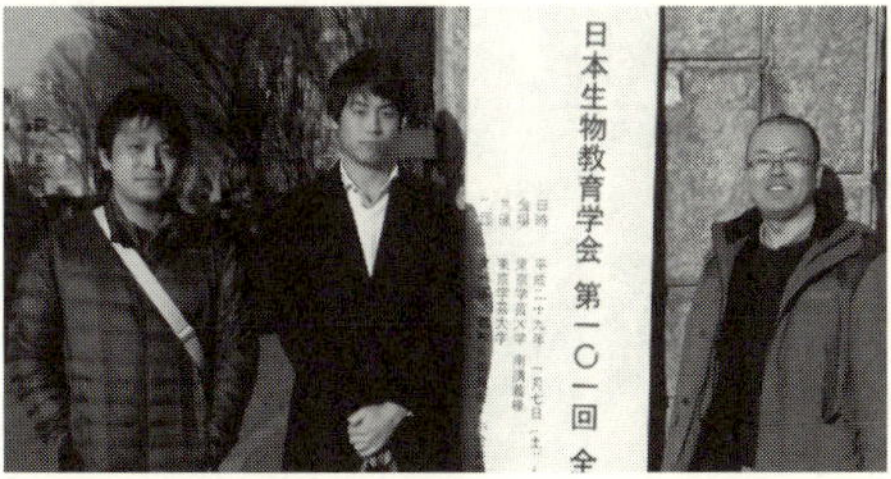

図7　武村研究室の巨大ウイルス・プロジェクト設立メンバー

三上君（左）、室野君（中央）、私（右）。2017年1月に東京学芸大学で行われた学会にて撮影（ただし、この学会は巨大ウイルスとは関係ない）。

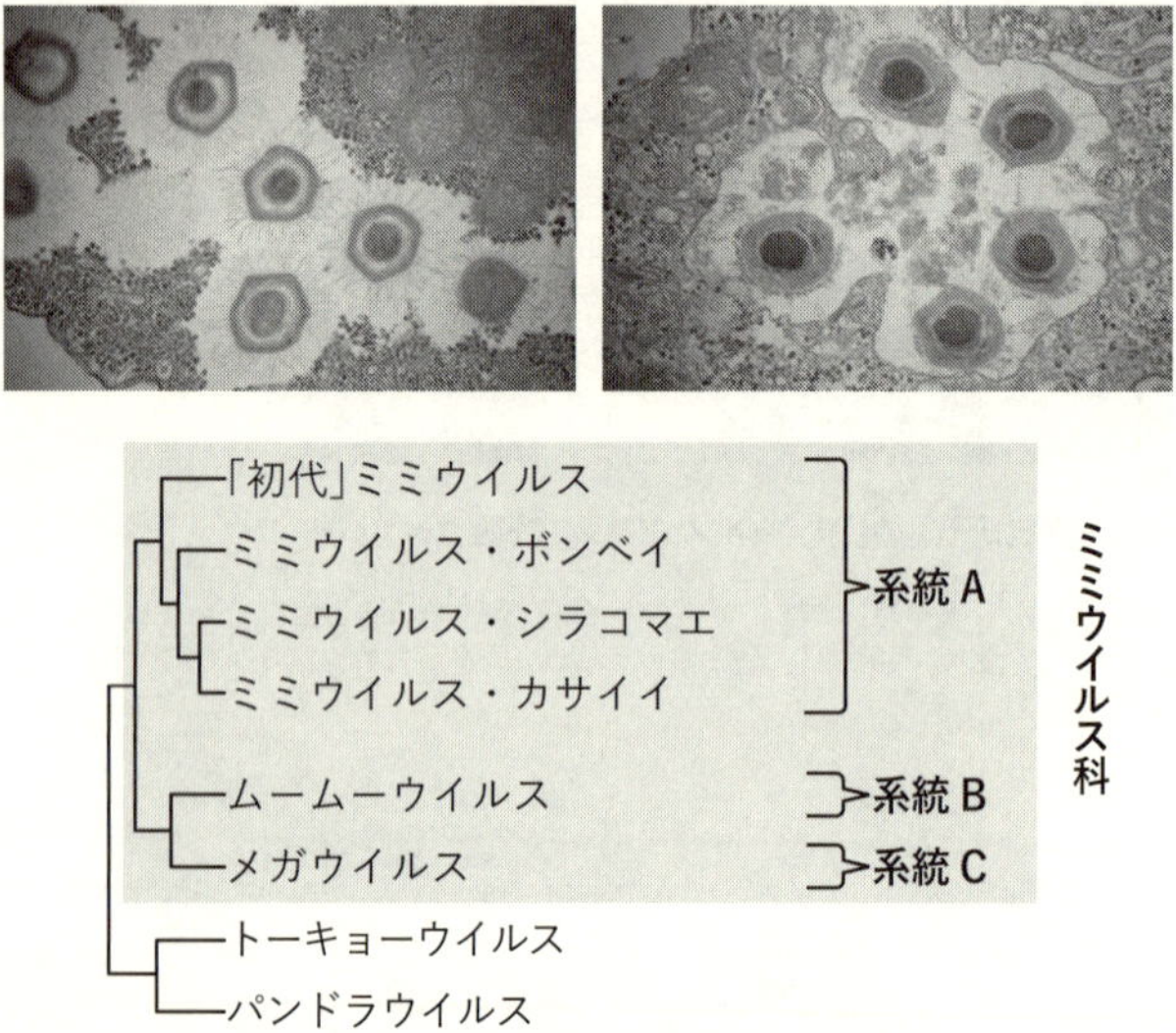

図8　ミミウイルス・シラコマエとミミウイルス・カサイイ

（上）両ミミウイルスの透過型電子顕微鏡像。左がシラコマエで、右がカサイイ。［撮影：東京理科大学武村研究室（花市電子顕微鏡技術研究所）］

（下）両ミミウイルスを含めたミミウイルス科の分子系統樹。DNAポリメラーゼのアミノ酸配列を用いて分子系統樹を作成したものを参考に、その他のゲノム情報を加味して作成。両ミミウイルスはともに系統Aに属し、特にミミウイルス・ボンベイと近い。

ミミウイルスの分離はより困難だったであろう。ラ・スコラ博士から送ってもらった「初代」ミミウイルスのおかげであることはいうまでもなく、ミミウイルスがミミウイルスを呼び寄せたと、勝手にそう思っている。

　さて、ゲノム解析の結果、日本で分離したこれら二種のミミウイルスは、明らかに系統Aに属するものであり、インドで見つかったミミウイルス・ボンベイときわめてよく似ていることが判明した（図8）。日本とインドは遠く離れているとはいえ、同じアジアから見つかるミミウイルスはよく似ているのかもしれないが、その理由はまだよくわかっていない。各地のミミウイルスがどのように分布し、どのように進化し、どのような系統的関係にあるのかについては、現在、私もさまざまな解析を行っているところである。

巨大ウイルスの分離技術に非常に長《た》けていた室野君と三上君だったが、二〇一七年三月に大学院を修了し、二人とも就職してしまった。もちろん、彼らの就職を研究室を挙げてお祝いしたが、一研究者としては、上級の研究スキルをもつ彼らがいなくなってしまったことは、なんとも惜しいことであった。

室野君が残した、白駒池と葛西臨海公園以外から分離した十数種類にも及ぶ未解析のミミウイルスは、いまだ手つかずのまま研究室に保管されている。じつは二〇一七年度現在、武村研究室では、巨大ウイルスを研究テーマにしている大学院生がいないという、巨大ウイルス研究グループにとっては危機的状況にある。まだ未発表ながら、いずれの科にも属さないと思われるまったく新しい巨大ウイルスの分離にも成功しているのだが、院生がいないためなかなか研究が進んでいない。「我こそは！」という人は、ぜひ当研究室のドアを叩いていただきたい。

1-3　壺型巨大ウイルスの衝撃

パンドラウイルス現る！

話は、二〇一三年七月に遡《さかのぼ》る。

一九日か二〇日の午後だったように記憶しているが、私はそのとき、新幹線に乗っていた。妻の実家がある三重県津市に妻と子どもたちが帰省するためで、私自身は東京で仕事があるので、津まで送って行き、妻の実家に一泊して帰ってこようと思っていた。

ふと、何気なく見ていた新幹線車内のドア上部にある電光掲示板のニュースの一つに、目が釘づけになった。そこに表示されていたのは、「フランスの研究者が、これまでにない巨大なウイルスを発見した」というニュースであった。そもそも、研究者がニュース速報でその分野の最新情報を知るなどあってはならないことだが（たいていは論文発表や研究者同士のコミュニティーの中でそうした情報をゲットする）、そんなことをいっていても仕方がない。

ミミウイルスでさえ「これまでにない巨大なウイルス」だった。それを上回るほどの「これまでにない」巨大なウイルスとは、いったいどのようなものなのか。

当時はまだ、スマホが一般に普及し始めたばかりで、私自身はガラケーを使用していたし、妻の実家もネット環境はよくなかったので、妻と子どもたちを送り届け、一晩泊まって翌日帰京すると、いの一番に大学へ戻り、そのフランスの研究者による巨大ウイルス発見の論文を探したのだった。

余談だが、新幹線の電光掲示板で「フランスの研究者」という文字を見つけたとき、「あ、こりゃあまたラ・スコラさんたちかな」と思った。それまでの巨大ウイルスの発見・分離の研究の多くに、ラ・スコラ博士が関わっていたからである。

改めて論文を見てみると、その研究はジャン＝ミシェル・クラヴリ博士の研究グループによるものだった（ただし、クラヴリ博士は、二〇〇三年のミミウイルス発見論文の共著者としても名を連ねている）。これ以降、世界の巨大ウイルス研究は、ラ・スコラ博士のグループとクラヴリ博士のグループを中心に、展開されていくことになる。

論文は、アメリカの科学誌『サイエンス』に発表され、その表紙を堂々と飾っていた。何も知らずに『サイエンス』誌のこの号を見た人は、「なんじゃ、このヘンなゾウリムシは」と思ったに違いない。

新しく発見されたこのウイルス、すなわち「パンドラウイルス」もまた、アカントアメーバに感染する巨大ウイルスであった。この「これまでにない」巨大なウイルスが、まずはどれだけ大きかったのかというと、じつのところ、ウイルス粒子の大きさからいえばミミウイルスの二倍程度であった。

「な～んだ、たったの二倍か」と思われる方もいらっしゃるかもしれない。しかし、ウイルス研究者からすると、この「二倍」という数字は、とてつもなく大きな数字なのである。

いびつな体形

パンドラウイルスは、粒子の形も一風変わっていた（図9）。

ミミウイルスなどのように、通常「ウイルス」といわれて私たちがイメージする「正二〇面体」型とは異なり、いびつな楕円形といった形の、のちに〝壺型（amphora-shaped）〟とよばれるおかしな形状をしていたのである。たとえ研究者であっても、「なんじゃ、このヘンなゾウリムシは」と、真剣にそう思ってしまうだろう（少なくとも私はそう思った）。そして、三層のカプシドで覆われたこの「壺」には、口が開いたような部分が一ヵ所だけ存在していた。パンドラウイルスは、この口の部分から、どうやら中のゲノムDNAをアカントアメーバの細胞質中に放出するらしい。

パンドラウイルスのアカントアメーバへの侵入は、ミミウイルスと同様、アカントアメーバによるファゴサイトーシス（貪食作用）によって始まる。ファゴソームの中に取り込まれたパンドラウイルスは、その開口部（ミミウイルスの〝スターゲート〟に該当する）を通じて、粒子内部にあった脂質二重膜を「おえ～っ」とばかりに吐き出し、ファゴソーム膜に融合させた後、ゲノ

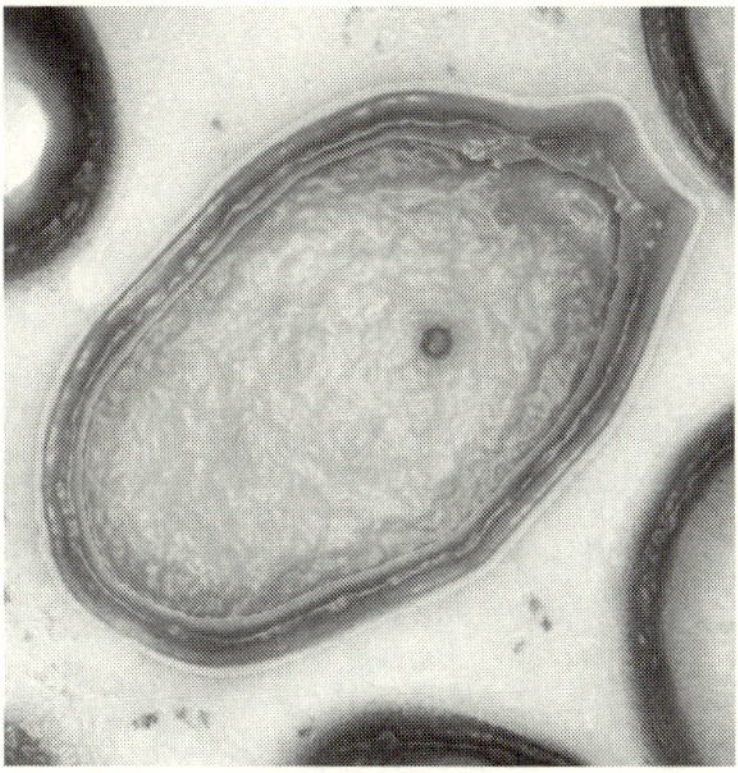

図9　いびつな楕円形をしたパンドラウイルス

カプシドの三層構造がよく見え、右上には開口部がある。[写真提供：Chantal Abergel IGS, CNRS-AMU]

ムDNAをアカントアメーバ細胞質へと放出する。放出されたゲノムDNAはアカントアメーバの細胞核付近へ移動し、そこで複製を始める（図10）。

その頃には、アカントアメーバの細胞核はその形を失い、核膜は分散して見えなくなる。この点は、細胞核をぶっ壊すようなことはしないミミウイルスとは大きく異なるところだ。分散した核膜の成分は、新しいパンドラウイルス粒子の脂質二重膜の材料となり、侵入後八～一〇時間後には、もともとアカントアメーバの細胞核が存在していたであろう領域から、新たなパンドラウイルス粒子が作り始められる。

侵入後一日を経ずしてアカントアメーバは溶解し、細胞一個あたり一〇〇〇個あまりの新しいパンドラウイルス粒子が、タツノオトシゴのオスがその腹にある育児嚢《のう》から子を飛び出させるかのごとく、放出されるのである（図10）。

さて、話を粒子サイズに戻そう。「二倍」という数字は何を意味するのか。

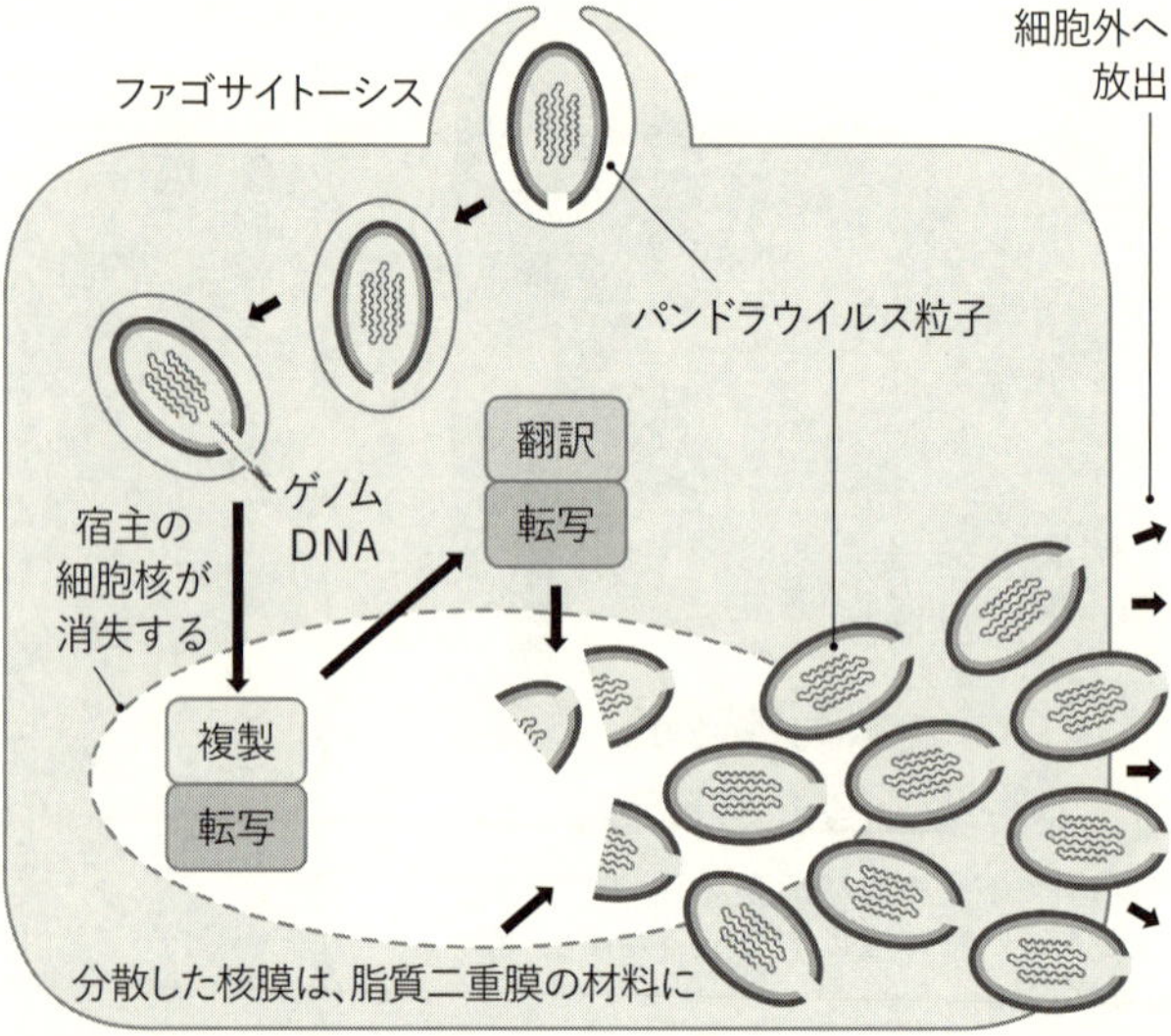

図10 パンドラウイルスの生活環

ファゴサイトーシスにより細胞内に侵入したパンドラウイルスは、その開口部から内部の脂質二重膜を飛び出させてファゴソームに融合し、ゲノムDNAをアカントアメーバ細胞質に注入する。ゲノムDNAが複製を繰り返すうちに、やがて核膜が崩壊し、その跡地から多数のパンドラウイルスが生じて、アカントアメーバの細胞膜を破って細胞外へと放出される。

ミミウイルス（表面繊維の層を除いて五〇〇ナノメートルとする）の二倍というと、一マイクロメートルというサイズをもつことになる。ミミウイルスが従来のウイルスにおける最大の直径をもっていたことから、それを二倍も上回るパンドラウイルスが、史上最大のウイルスであることは容易に理解できる。

この事実は、生物学者たちをどれくらい驚嘆させただろうか。

一マイクロメートルとい

う大きさは従来、生物にのみ許されてきたサイズであったことから（17ページ表1参照）、「ついにウイルスも生物と同じ土俵の上に足を踏み入れることに成功したのではないか」という、今から思えば〝淡い期待〟を生物学者の脳裏に浮かび上がらせたといえば、だいたいイメージしていただけるのではないかと思う。

バクテリアサイズの巨大ウイルス。これが、パンドラウイルスがもたらしたインパクトであった。そして、クラヴリ博士たちに「パンドラ」（いうまでもなく、ギリシャ神話の「パンドラの箱」のエピソードに由来する）という名前をつけさせた理由の一つであった。

ちなみに、このときパンドラウイルスは、オーストラリア・メルボルン近郊の沼地の底と、チリ・トゥンケン川の河口付近の泥から、各一種ずつ、合計二種が発見・分離されている。それぞれ、「パンドラウイルス・デュルキス（*Pandoravirus dulcis*）」、「パンドラウイルス・サリナス（*Pandoravirus salinus*）」と名づけられた。

三万年前のマウスピース

パンドラウイルスの発見が報じられた翌年の二〇一四年には、さらに驚くべき発見がもたらされた。こちらについては、特に新幹線の中で知らせを聞いたとか、会議中にスマホでニュースを見たとか、そういう印象に残るような状況で知ったわけではなく、普通に論文検索をしていて気づいたものだったと記憶している。

アカントアメーバは、栄養が豊富なときはうようよと蠢《うごめ》く状態、いわゆる「アメーバ」状態となって、その姿で分裂・増殖を繰り返すのだが、時として、たとえば飢餓状態に陥ったときなどには「芽胞《がほう》（シスト）」とよばれる状態をとることがある。この状態になると、アカントアメーバは丸く小さくなり、二重の膜（外側の膜はやや分厚い）に包まれたようになって、おとなしくなる。いわゆる「休眠状態」に入るわけだ。こうなると、アカントアメーバは非常に長く生き続けることができるようになる。

二〇一四年に分離された巨大ウイルスは、こうした状態のアカントアメーバから見つかった。シベリアの永久凍土に守られて、シストの状態で三万年も生き続けてきたアカントアメーバの中から、巨大ウイルスが発見されたのである。これもまた、パンドラウイルスと同じくクラヴリ博士の研究グループの成果であった。

この新しい巨大ウイルスは、パンドラウイルスと同じ「壺型ウイルス」で、古代ギリシャで使われていた「甕《かめ》（pithos）」にその形が似ていたことから、「ピソウイルス（*Pithovirus sibericum*）」と名づけられた（筆者註：前著『巨大ウイルスと第4のドメイン』では「ピトウイルス」と表記していたが、本書では発音上、より正確で、近年のほかの日本語文献等でも用いられている「ピソウイルス」という表記を用いることとする）。

三万年の時を経て現代に復活した、まるで〝ゾンビ〟のようなこのウイルスは、パンドラウイルスと同じく「壺型ウイルス」であり、楕円形のいびつな体の表面は、非常に厚いカプシドらしき層で覆われている（図11左）。

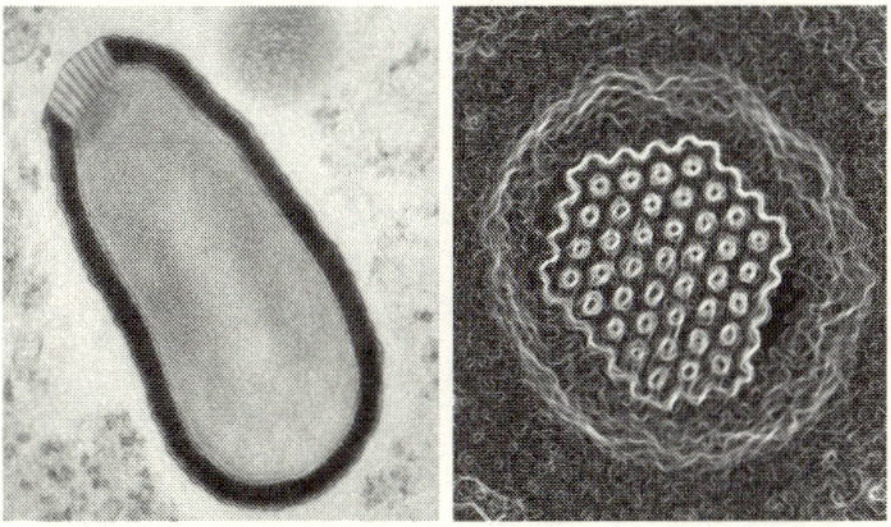

図11　ピソウイルス

（左）全体像。（右）開口部を正面から見たもの。格子状をしている。[写真提供：Chantal Abergel IGS, CNRS-AMU]

その大きさは、パンドラウイルスよりもさらに大きく、楕円形の長径が一・五マイクロメートルもあるというから驚きだ。一方、短径のほうはそれほど長くはない。いってみればピソウイルスは、パンドラウイルスよりも細長い形状を呈しているといえる。

また、パンドラウイルスにはなかった特徴として、ピソウイルスの口の部分には、なんだかヘンなものが刺さっていることがわかった。パンドラウイルスの開口部には何も存在しないように見えるのに対して（図9）、ピソウイルスの開口部には、メッシュ状のフタのような、そしてコルク栓とも思しきおかしな構造体が、あたかも排水溝にフタをするかのように取りついていたのである。まるでマウスピースのようだ（図11右）。

さらに不思議なことに、ピソウイルスの遺伝子は、パンドラウイルスとは異なる別の巨大ウイルスに似ていることがわかった。詳しくは後述するが、平たくいえば、形はパンドラウイルスとよく似ているのに、ゲノムはまったく異なるということ。つまりピソウイルスは、パンドラウイルスとはまったく異なる分類群に含まれるだろう、ということが判明したのである。

細胞と間違われたモリウイルス

ピソウイルス発見の翌年、二〇一五年には、同じく三万年前の永久凍土から、やはりクラヴリ博士の研究グループによって、アカントアメーバに感染する別の巨大ウイルス「モリウイルス(*Mollivirus sibericum*)」が発見・分離された(図12)。

面白いことにモリウイルスは、パンドラウイルスやピソウイルスのような「壺型ウイルス」でありながら、その大きさは前二者から一転して小さくなり、ミミウイルスと同程度の六〇〇ナノメートルクラスであった。いったんパンドラウイルスの存在を知ってしまうと、ミミウイルスほどの大きさがあっても「小さい」と感じてしまうのだから、なんとも面白いものである。

じつはこのモリウイルス、本書のテーマにとってきわめて重要な、ある性質をもっていた。思わず「なんじゃこりゃ」といいたくなるようなウイルスなのだが、これについては、第3章で詳しく述べる。

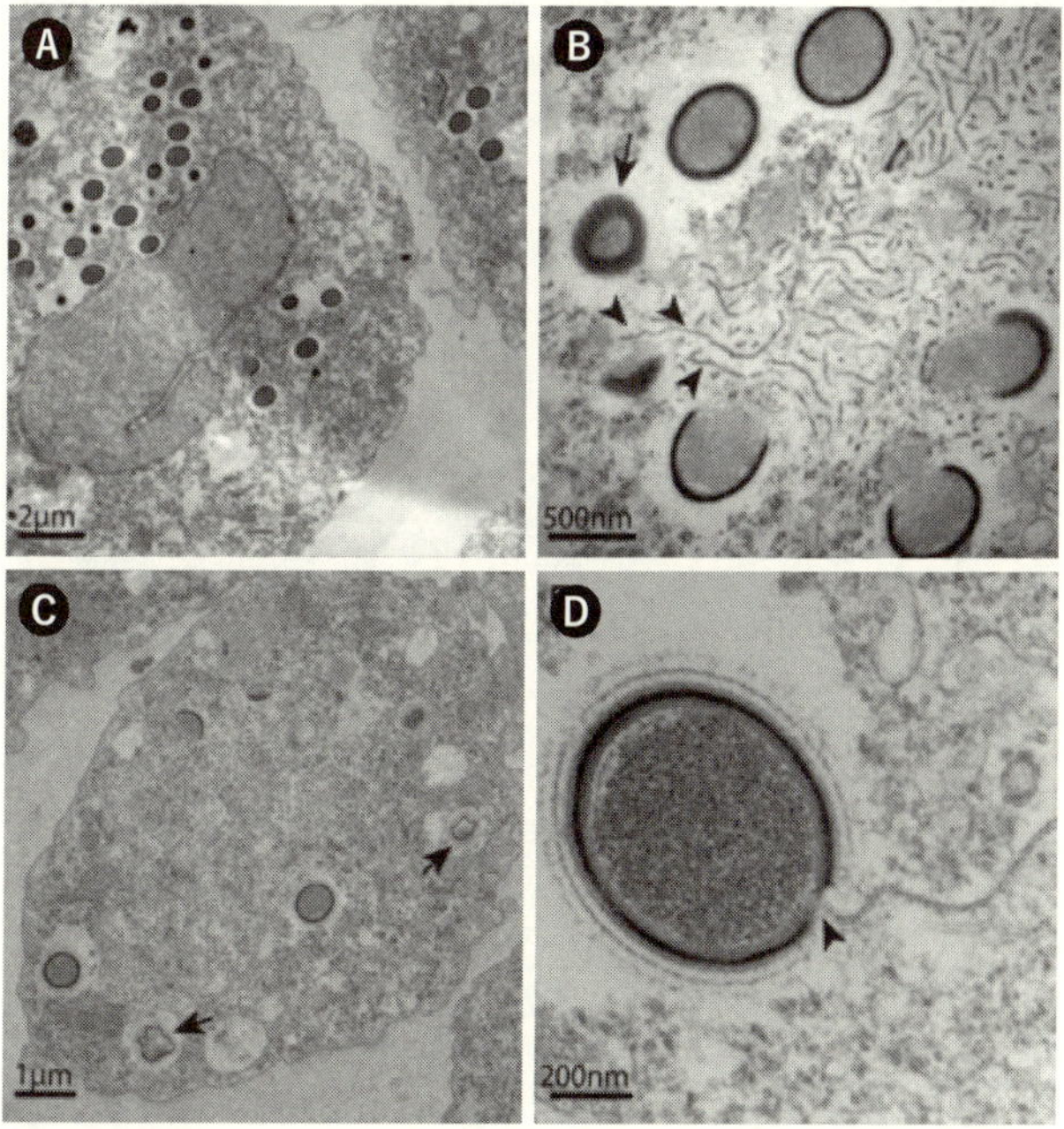

図12　モリウイルス

Ⓐモリウイルス粒子が多数成熟したアカントアメーバ細胞。

Ⓑウイルス工場で合成されつつあるモリウイルス。多数の繊維状成分が見える（矢尻）が、その役割はまだ不明である。

Ⓒ感染後期のアカントアメーバ細胞。ところどころに形がおかしなモリウイルス粒子が見られる。

Ⓓもうすぐ粒子形成が完成すると思われるモリウイルス。矢尻は開口部を示す。今まさに、1本の繊維状成分が粒子内部に取り込まれようとしているところと推測される。

［出典：Legendre M et al. (2015) *Proc. Natl. Acad. Sci. USA* 112, E5327-E5335.より改変］

モリウイルスの発見と、それが三万年前の永久凍土から「蘇《よみがえ》った」ことが報じられるや、ネット上でちょっとした騒ぎが巻き起こった。三万年前のウイルスを「生き返らせた」、「蘇らせた」という言葉のみが流布して、それを見たネット住民から「バイオハザードか！」「人類滅亡か！」「学者は何を考えとんじゃ！」といった声が上がり、ネット上を飛び交ったのである。これに対する学者の反論は、「地球温暖化により、永久凍土といえどもいずれは融《と》けていく。そのときに予期しなかった微生物やウイルスに遭遇してしまうよりも、あらかじめ〝敵を知っておく〟ことは重要なのだ」といったものだったように記憶しているが、議論は盛り上がらないまま、何となく収束してしまった。

一方、モリウイルスの成熟過程では、正体のよくわからない繊維状の成分が、そのウイルス工場に出現することがわかっている（図12ⒷⒹ）。この繊維状成分がウイルス粒子内に取り込まれているようすが、まるでバクテリアの鞭毛《べんもう》のように見えたことが原因と思われるが、一部メディアで誤って「この細胞は……」などと記載されていることがあった。メディアの科学記事は、ときどきこのような間違いをしでかすので注意したほうがよい。

ピソウイルスもモリウイルスも、今のところヒトや動物に感染してなんらかの病的状態を引き起こすという証拠は得られていないが、今後、そうした実験結果が出てくる可能性はある。だが地球上の全ウイルスのうち、ヒトに感染して病気を引き起こすウイルスはごくわずかだ。したがって、ヒトに対して病気を起こすとか起こさないとか、そういう議論はじつは些末《さまつ》なことで、むしろ彼らが生物界全体にもたらす影響について、もっと深く考えていく必要があるだろう。

1-4 「出身地」が明記された巨大ウイルス

最も「小さな」巨大ウイルス

パンドラウイルス、ピソウイルス、そしてモリウイルスについては、じつのところ、現時点でその分類は確定していないといってよい。ミミウイルスは「ミミウイルス科」という科レベルの分類群が設定されているが、上記三つの巨大ウイルスは、まだ科レベルの分類群に分類されておらず、「パンドラウイルス属」など、科の下の属レベルでの扱いにとどまっている。

研究者によっては「パンドラウイルス科」と見なしている人や、「フィコドナウイルス科」という以前からある科（本書でいうところの、二〇〇三年以降に発見されている「巨大ウイルス」には含まれない）に分類すべきだと考えている人などがおり、これらのウイルスの扱いには、まだ一貫性がないといえよう。

そんな巨大ウイルスの世界で、現在のところ「ミミウイルス科」と並んで科レベルの分類群が設定されているもう一つのグループが、「マルセイユウイルス科」である。

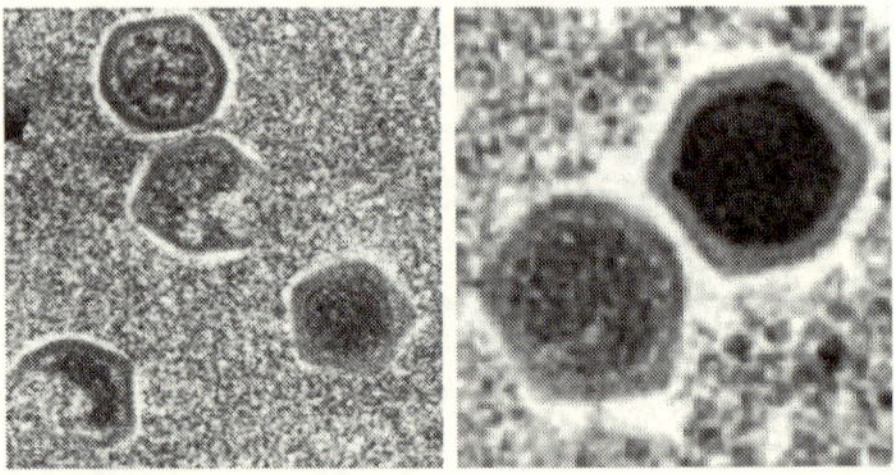

図13　「初代」マルセイユウイルス

（左）さまざまな組み立て段階にあるマルセイユウイルス。
（右）成熟したマルセイユウイルス。
［出典：Boyer M et al. (2009) *Proc. Natl. Acad. Sci. USA* 106, 21848-21853.］

その名の由来となった「初代」マルセイユウイルスは、二〇〇九年にパリの冷却塔の水の中から発見・分離された正二〇面体ウイルスで、これもおそらく、アカントアメーバを自然宿主としていると考えられている。粒子の直径こそ二〇〇ナノメートルとさほど大きくはないが、遺伝子解析の結果、ミミウイルスに近い、いわゆる「巨大ウイルス」に含まれるものであることが明らかとなった（図13）。

マルセイユウイルスは、正二〇面体のカプシドの内側に、ミミウイルスやパンドラウイルスなどと同様に脂質二重膜をもち、さらにその内側に、各種タンパク質との複合体を形成したゲノムＤＮＡが納められている。

その粒子は、ある場合は集団で、ファゴサイトーシスによりアカントアメーバに侵入し、ある場合には単独で、エンドサイトーシス（81ページ参照）によりアカントアメーバに侵入する。どのように場合分けがされるのかは、まだよくわかっていない。

そうして、細胞質にミミウイルスよりも巨大で、アカントアメーバの細胞質の三分の一にも達するのではないかと思えるほどの「ウイルス工場」を形成する。ただし、マルセイユウイルスのウイルス工場は、ミミウイルスのそれよりも目立たず、脂質二重膜の成分がその周囲に集積されているということもなく、全体的にその構造はあまり解明されていない（詳細は第２章で述べる）。

ちなみに、先ほどピソウイルスの遺伝子が「パンドラウイルスとは異なる別の巨大ウイルスに似ていることがわかった」と述べたその「別の巨大ウイルス」というのが、じつはこのマルセイユウイルスである。つまりピソウイルスは、外《そと》っ面《つら》は壺型ウイルスでありながら、中身（遺伝子）は正二〇面体ウイルスに似ているという、じつに奇妙なウイルスなのであった。

マルセイユウイルスの仲間たち

ミミウイルスと同様、マルセイユウイルスにもその後、仲間がいることが明らかとなり、科としてまとめられた。面白いことに、ローザンヌウイルス（スイス）、メルボルンウイルス（オーストラリア）、チュニスウイルス（チュニジア）、セネガルウイルス（セネガル）、カンヌウイルス（フランス）、ポートミオーウイルス（フランス）など、ほとんどの場合に、発見・分離された都市や国、地域の名前が冠せられている。いわば、「出身地」が明記されているわけだ。

先ほど、マルセイユウイルスもアカントアメーバを自然宿主としていると述べたが、じつはそうではない可能性も残されている。というのも、マルセイユウイルスの一種「セネガルウイルス」が、ヒト（セネガル人の成人男性）の腸内細菌叢から見つかっているからである。このセネガル人男性がセネガルウイルスに感染しているから見つかったという可能性もあるが、なんらかの原因でそこにいただけという可能性もある。

ヒトの腸内にアカントアメーバがいれば、それを宿主としていると理解すればいいから話は早いのだが、だからといって、必ずしもアカントアメーバを宿主としているとは限らない。もしかしたら、他の微生物に感染している可能性もある。そしてもちろん、ヒトの大腸粘膜に感染する可能性も排除できない。

ある報告では、健康な成人男性の血液中からもマルセイユウイルスが分離されており、マルセイユウイルスが広い宿主範囲（どのような生物を自然宿主とするかという、その多様性のこと）を有していることが示唆されている（ただし、この血液中から見つかったという報告に対しては反論もあり、明確な結論は出ていない）。また、インセクトマイムウイルスのように、昆虫から分離されたマルセイユウイルスも報告されている。

さらに興味深いこととして、ＤＮＡウイルスであるマルセイユウイルスが、カプシド内にメッセンジャーＲＮＡを保有していることも報告されている。この事実は、従来のウイルスの定義の一つである「核酸を一個（一種類）だけ（すなわち、DNAもしくはRNAのどちらか一方のみを）もつ」という特徴に反するものだ（ウイルスの定義については、第4章205ページ参照）。

ちなみに、ミミウイルスも同様に、メッセンジャーRNAがカプシド内に囲い込まれていることが知られている。こうしたことからも、巨大ウイルスが従来のウイルスの定義から逸脱した存在であることがわかるのである。

トーキョーウイルス

本章の冒頭で述べたように、二〇一五年、私は荒川から採取したサンプルから、「トーキョーウイルス」という巨大ウイルスを分離することに成功した。じつは、このトーキョーウイルスもマルセイユウイルス科に属するウイルスである。このウイルスが電子顕微鏡によってその姿を現したのは、その年の九月一日のことだった。

電子顕微鏡解析は、私が学位をとった名古屋大学大学院医学系研究科の附属施設である、医学教育研究支援センターの電子顕微鏡を使わせてもらって行った。勝手知ったる何とやら、である。

最初の試料を電顕にセットし、電子線を当ててモニターに映し出したとたん、横にいたテクニシャンのI氏が（正確には、電顕を操作していたI氏が、横にいた私に向かって）「あ、何かい

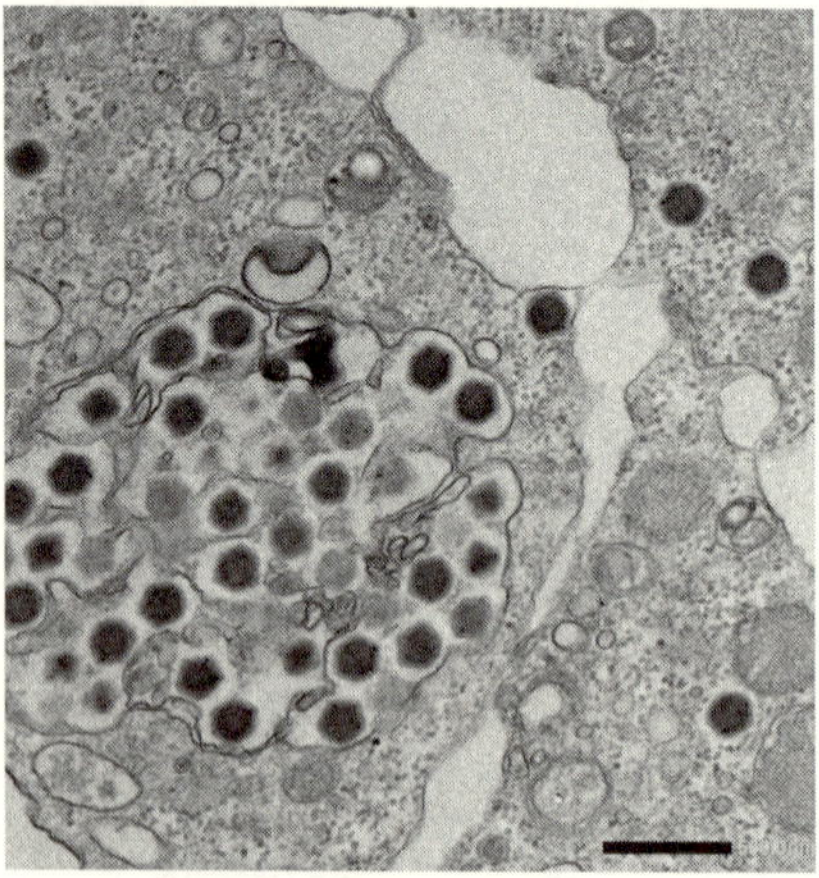

図14 **トーキョーウイルス**

［撮影：東京理科大学武村研究室（名古屋大学大学院医学系研究科附属医学教育研究支援センター）］

ますね」と声を上げた。

そこには確かに、アカントアメーバ細胞内に巣食っているかのように見える、六角形の形をした（ということはすなわち、立体的には正二〇面体の形をした）黒いウイルスらしき物体が映っていた（図14）。粒子の大きさは、だいたい二〇〇ナノメートル前後といったところ。I氏としては、それまでの私のはしゃぎっぷり（巨大ウイルスがいかに面白いかを力説していた）からして、もっと喰らいついてくるかと思ったに違いない。

ところが私ときたら、「あ〜、こりゃウイルスですね〜」と他人事のようにつぶやいた後、ポーカーフェイスのまま、最初の数枚をI氏に取得していただいてから、そのやり方を真似て六〇枚あまりの画像を、ただただルーティーンのように取得し続けただけだったのだ。

I氏にすれば、「なんじゃこのヒト」と思ったかもしれないが、じつのところ私は、少なくともミミウイルスのような、誰が見ても巨大なウイルスを期待していたのであった。率直にいって、二〇〇ナノメートルしかないウイルスなんて、大きさからすればインフルエンザウイルスやポックスウイルスみたいに、これまでよく知られていたウイルスとそう変わらなかったので、「あ〜あ（溜息まじり）」というような気持ちでいたのであった。

ところが、帰京後にこれまでの巨大ウイルスに関する先行研究論文を精査していくうちに、今回発見したウイルスの形やアカントアメーバ内での存在状態が、マルセイユウイルスにきわめてよく似ていることに、今さらながら気がついた。

ゲノム解析を行った結果、各種マルセイユウイルスと相同性が高く、マルセイユウイルス科に属することが明らかとなったのである。そこで、マルセイユウイルス科の命名法（出身地をつけるのは公式ではなく慣習上である）に則り、このウイルスを「トーキョーウイルス」と命名し、二〇一六年に論文として発表した。

命名にあたり、マルセイユウイルスの発見者の一人であるフランスの微生物学者シャンタール・アベルジェル博士に、「トーキョーウイルスでどうでしょう？」と問い合わせたところ「Very Cool!」という返事をもらったのが印象的だった。もちろん、I氏には後できちんと報告し、喜んでいただいたことを申し添えておく。

マルセイユウイルスの地域性

先ほど「何人かの仲間」を紹介したが、ミミウイルスにいくつかの系統が存在するように、マルセイユウイルスにもいくつかの系統（グループ）が存在する。

二〇〇九年に最初に報告された「初代」マルセイユウイルスと遺伝子組成がよく似ているウイルスはグループAとしてまとめられ、「初代」マルセイユウイルスのほかにメルボルンウイルス、カンヌウイルス、そしてセネガルウイルスがこの系統に属する。

二〇一一年に発見・分離されたローザンヌウイルスは、「初代」マルセイユウイルスとは遺伝子組成が若干異なることが明らかとなり、別系統のグループBとされた。のちに、グループBには、南仏のポートミオーで発見・分離されたポートミオーウイルスが含まれることがわかった。

さらに、チュニジアの首都チュニスで発見・分離されたチュニスウイルスと、チュニジアのハナアブの幼虫の体内から発見・分離されたインセクトマイムウイルスは、グループCに分類され、二〇一五年にブラジルから新たに発見・分離されたブラジルマルセイユウイルスは、分子系統解析により、すべてのマルセイユウイルスの中で最も祖先型に近いことが明らかとなり、グループDに分類された。

そして、トーキョーウイルスである。

遺伝子解析、ゲノム解析を行った結果、トーキョーウイルスは、マルセイユウイルスやメルボルンウイルスなどのグループＡに非常に近いものの、両ウイルスの塩基配列の違い（すなわち、グループＡ内での塩基配列の違い）に比べ、トーキョーウイルスの塩基配列はやや違いが大きいことがわかった。さらに、個別の遺伝子（ＤＮＡポリメラーゼ遺伝子やＰＣＮＡ〈proliferating cell nuclear antigen：増殖細胞核抗原〉遺伝子など）の塩基配列を用いた分子系統解析により、トーキョーウイルスはグループＡとはやや異なるが、グループＢ～Ｄほどは離れていない系統であることが明らかとなった。

これらの結果から、トーキョーウイルスはグループＥ、すなわちこれまでとは異なる新しい系統として分類することが妥当であると考えられたのだった（図15）。

ところが、トーキョーウイルスのゲノム解析論文が刊行されたのとほぼ時を同じくして、ブラジルの沿岸から採取された二枚貝から、これまた新たなマルセイユウイルスの一種「ゴールデン・マルセイユウイルス」が分離されたという論文が発表された。

こちらも、分子系統解析により、従来のマルセイユウイルスとは異なるグループに分類されるとの結論が得られており、ゴールデン・マルセイユウイルスがグループＥ、トーキョーウイルスがグループＦとなる可能性もある。今後、研究者の間で議論されていくだろう。

これまでに分離されたマルセイユウイルスの種類がまだそれほど多くはないので、断定的なことを述べるのは時期尚早だが、どうやらマルセイユウイルスには、ある程度の地域性、すなわち

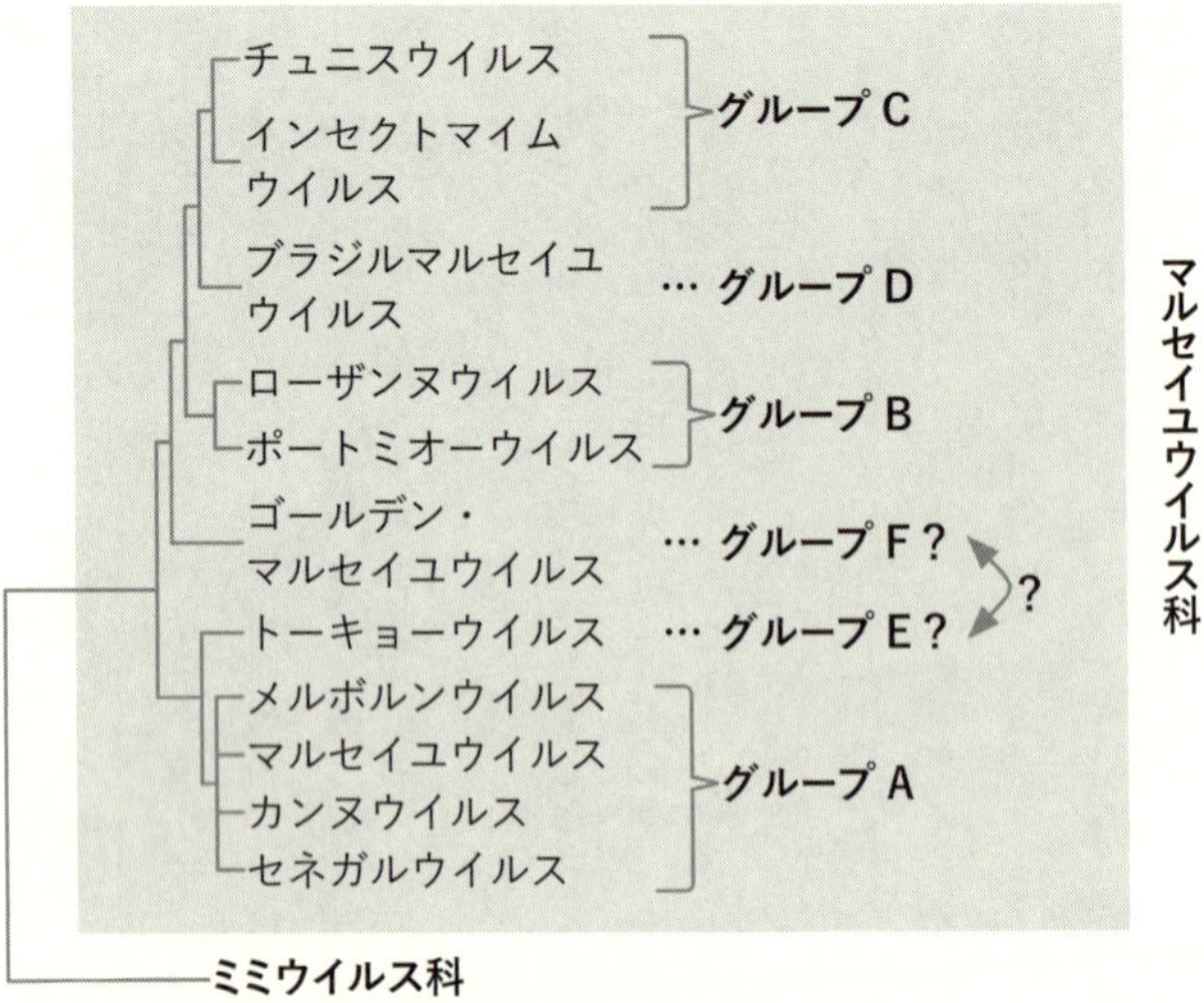

図15 マルセイユウイルス科の分子系統樹

2種類のDNA複製関連タンパク質のアミノ酸配列をもとに作成した分子系統樹。トーキョーウイルスはグループAに近いが、ややそれとは異なる。最近、ブラジルからゴールデン・マルセイユウイルスが分離され、グループ名がどうなるかはまだわからない。このタンパク質による分子系統解析では、ブラジルマルセイユウイルスは特に祖先型であることは示されないが、ゲノム全体で分子系統解析を行うと、最も祖先型に近いところに位置する。

欧州、ブラジル、アフリカ、そして日本と、それぞれに特有の系統のウイルスが生息するという特徴があることがわかってきた。

ミミウイルスにもある程度の地域性があることはすでに述べたとおりだが、ミミウイルスの地域ごとのゲノムの違いに比べ、マルセイユウイルスの地域ごとのゲノムの違いのほうが、かなり大きいようなのだ。

はたして、どのようにしてマルセイユウイルスは進化してきたのだろう？　もしもセネガルウイルスのように、人間の腸内細菌叢となんらかの関係をもつのであれば、腸内に存在すると思われるヴァイローム（ある場所に生息するウイルスの全体をこうよぶ）の観点からも、その進化の過程はきわめて興味深い。

自然宿主となる生物の地域性と関連があるのかないのか、また、人類の移動という進化的イベントと関連があるのかないのか、非常に興味深い研究テーマとなり得るのである。

1-5　巨大さと、その謎

ゲノムとゲノムサイズ

さて、巨大ウイルスについて話をすると、いったい何が巨大なのかということがいつも問題になる。私も、これまで巨大ウイルスについて、一般向け、専門家向けに講演する機会をいくつかいただいてきたが、その都度必ず受けるのが、「何が巨大なんですか？」「サイズが巨大なだけなんですか？」といった質問だ。

ここまでの話で、ウイルス粒子のサイズが「巨大」であることは、読者のみなさんにも十分に通じたと考えているが、粒子サイズが単に巨大なだけでは、「図体ばかりでかくて何とやら」というがごとく、それほど大騒ぎするほどの問題ではない。実際、粒子サイズだけが大きかったの

であれば、これほど騒がれることはなかっただろう。じつに、巨大ウイルスがほんとうに「巨大」なのは、その「ゲノム」に原因があったからである。

ゲノムとは、私たち生物（ならびにウイルス）がもっている、その遺伝情報、すなわちDNA全体を指した言葉である。RNAウイルスの場合は、そのRNAの全体がゲノムだ。DNAやRNAは、「塩基」とよばれる四種類ある物質が一列に並んだ物質であるといえるので、その塩基の数（DNAのように二重らせんになっているものの場合、塩基と塩基のペア、すなわち「塩基対《つい》」の数）を単位とした「bp（base pair）」でその長さを表すことになっている。

日本語ではそのまま「塩基対」という。私たちヒトのゲノムの長さ（ゲノムサイズ）は、およそ三二億塩基対である。

大雑把ではあるが、ゲノムサイズが大きい生物ほど、多くの遺伝子を含み、複雑な体の構造をしている傾向にあるといえる（必ずしも、完全な比例関係ではない）。一般的に、原核生物より真核生物のほうが、そして単細胞生物より多細胞生物のほうがゲノムサイズが大きい傾向にある。ウイルスの場合も同様であり、そのゲノムサイズの「小ささ」が、生物に比べてウイルスは単純であるとする、一つの根拠ともなってきた。

巨大ウイルスが発見されるまでは、真核生物に感染するDNAウイルスのうち、最もゲノムサイズが大きいのは、ポックスウイルスやクロレラウイルス（クロロウイルスとも）の一種であった。なかでも、特に大きかったのが、ミドリゾウリムシと共生する単細胞緑藻クロレラに感染するクロレラウイルスで、およそ三七万塩基対、そして鳥に感染する「カナリポックスウイルス」で、およそ三六万塩基対であった（表3）。

巨大ウイルスの巨大なゲノム

ところが、ミミウイルスのゲノムサイズはこれらのゆうに三倍はある。ミミウイルスグループI・系統Aのウイルスはおよそ一一八万塩基対、系統Bのウイルスはおよそ一一〇万塩基対、そしてメガウイルスなど系統Cのウイルスは一二六万塩基対もあったのである。このゲノムサイズ

科もしくは属（ウイルスの場合）	種	ゲノムサイズ
パンドラウイルス属	パンドラウイルス・サリナス	2,473,870
	パンドラウイルス・イノピナトゥム	2,243,109
真核生物	エンケファリトゾーン	2,187,590
パンドラウイルス属	パンドラウイルス・デュルキス	1,908,524
ミミウイルス科	メガウイルス	1,259,197
	ミミウイルス・シラコマエ	1,182,849
	「初代」ミミウイルス	1,181,549
	カフェテリア・レンベルゲンシスウイルス	617,453
モリウイルス属	モリウイルス	651,523
ピソウイルス属	ピソウイルス	610,033
バクテリア（細菌）	マイコプラズマ・ジェニタリウム	579,977
アーキア（古細菌）	ナノアーカエウム・エクイタンス	490,885
ミミウイルス科	ファエオキスティス・グロボサウイルス	459,984
マルセイユウイルス科	トーキョーウイルス	372,707
フィコドナウイルス科	クロレラウイルス	368,683
マルセイユウイルス科	「初代」マルセイユウイルス	368,454
ポックスウイルス科	カナリポックスウイルス	359,853
バクテリア（細菌）	トレンブレヤ・プリンセプス	137,475

表3　巨大ウイルスのゲノムサイズ一覧表

の部分は、比較のため生物の数値を掲げてある。

は、これまでに発見された最も小さい細胞性生物であるトレンブレヤ・プリンセプス（細菌の一種）のゲノムサイズ＝一四万塩基対や、マイコプラズマ（細菌の一種）のゲノムサイズ＝五八万塩基対を大きく凌駕《りょうが》する大きさだ。

パンドラウイルスにいたっては、巨大どころか怪物的である。クラヴリ博士らがこのウイルスに「パンドラ」という名前をつけたのは、粒子サイズの大きさが理由の一つであると49ページで述べたが、その最大の理由はゲノムサイズと遺伝子にあるともいえる。

パンドラウイルスは、粒子のサイズが大きいのみならず、そのゲノムサイズが、なんとミミウイルスの二倍を超える二四七万塩基対もあったのだ（パンドラウイルス・サリナス）。この大きさは、最小の真核生物（！）である微胞子虫類エンケファリトゾーンの一種のゲノムサイズ（二一八万塩基対）よりも大きい（表3）。寄生性生物とはいえ、エンケファリトゾーンは私たちヒトと同じ真核生物である。それよりもゲノムサイズが大きなウイルスが存在するなど、ひと昔前には考えられなかったことだ。

一方、パンドラウイルスと同じ「壺型」巨大ウイルスであるピソウイルスは六一万塩基対、モリウイルスは六五万塩基対と、こちらはそれほど大きいというわけではない。パンドラウイルスと形は似ているのにゲノムサイズが大きく異なるのはなぜなのか、現段階ではよくわかっていない。

マルセイユウイルスは、粒子のサイズでもそうだったが、ゲノムサイズに関してもやはり「最も小さい巨大ウイルス」であり、先に紹介したクロレラウイルスやカナリポックスウイルスとほぼ同じ、三七万塩基対程度である。トーキョーウイルスのゲノムサイズもそのくらいだ（表3）。

マルセイユウイルスが、それほど大きくないにもかかわらず巨大ウイルスに分類されている理由は、分子系統解析により、マルセイユウイルスが明らかに、クロレラウイルスやポックスウイルスよりも、ミミウイルスやパンドラウイルス、ピソウイルスなどの「巨大ウイルス」に近い系統にあることが判明しているからである。

ゲノムサイズが大きいものはたいてい、そこに含まれる遺伝子数（タンパク質を作ることができる遺伝子の種類）も多い。巨大ウイルス以前では、カナリポックスウイルスが三二八個の遺伝子数を誇っていたが、ゲノムサイズに比例するかのように、マルセイユウイルスは五〇〇個、ミミウイルスは一〇〇〇個にも届こうという遺伝子をもつことがわかっている。「初代」ミミウイルスは九七九個、メガウイルスは一一二〇個もの遺伝子をもつ。パンドラウイルス・サリナスにいたっては、二五五六個もの遺伝子数を誇るのだ。

ゲノムサイズが大きければ、必然的に遺伝子の種類が多くなる余地が広がる。その結果、ウイルスが備えるさまざまなしくみも、より複雑化していく。巨大ウイルスがそうよばれるのは、ゲノムサイズや粒子サイズが大きくなり、遺伝子の種類が増えることで、その複雑さと「可能性」

すらも大きく膨らむからであり、これらをひっくるめて「巨大」だからである、といえよう。

巨大ウイルス、普通に生息中

トーキョーウイルスはマルセイユウイルスの仲間で、荒川から見つかった。ピクニック気分で気軽にサンプリングをしたのだが、それは単なる偶然だったということであり、運が良かったということだろう。

ならば、運が良くなければ巨大ウイルスは見つからないのか、それだけ巨大ウイルスというのは滅多にお目にかかれないものなのかというと、答えはおそらく「ノン！」である。

トーキョーウイルスを発見・分離できたのは、確かに運が良かったからかもしれないが、先ほども述べたように、私の研究室では二〇一六年以降、ミミウイルスを日本のさまざまな水環境から発見・分離することに成功している。しかも、サンプリングするたびに、ほぼ必ずといっていいほど検出することができている。現在までに、そのうちの２種類のミミウイルスを分離し、ゲノム解析まで行ったのは、すでに述べたとおりだ。

すなわち、日本の水環境にも、ミミウイルスは普通に生息していることが明らかとなった。海洋中には、ミミウイルスをはじめとする巨大ウイルスが非常に多く生息していることは、京都大学化学研究所・緒方博之教授らによるメタゲノミクス解析（そのサンプルの中に含まれるＤＮＡ

を、生物を分離・培養することなく、一網打尽に解析する手法）によって明らかになっていたので、おそらく日本の水にもいるだろうと踏んでいたわけだが、はたしてそのとおりであった。

これまでは目で見えていなかった、水中に大量に存在する巨大ウイルスたちが、ほんとうの意味で「目で見える」ようになったわけだ。

見えているのに見えていなかった

一方で、研究者たちがこれまで「きちんと目で見てきた」にもかかわらず、見すごしてきた巨大ウイルスがいたということも最近、明らかにされつつある。

たとえば、二〇〇八年に角膜炎の患者のコンタクトレンズ保存液から分離されていたアカントアメーバに寄生する寄生体が、じつは生物ではなくパンドラウイルスであったことが明らかとなり、二〇一五年にゲノムが解読された結果、「パンドラウイルス・イノピナトゥム（*Pandoravirus inopinatum*）」と名づけられたという例がある（図16）。

また、これまた二〇〇三年に報告され、「KC5／2」と名づけられていた奇妙な形をした寄生体が、じつはピソウイルス（の仲間）だったことが判明したという例もある（拙著『巨大ウイルスと第4のドメイン』参照）。

――見えているのに、見えていなかった。

先ほど、「何が巨大なんですか？」「サイズが巨大なだけなんですか？」などとよく聞かれると述べたが、じつはもう一つ、よく投げかけられる質問がある。巨大ウイルスは文字どおり巨大で、電子顕微鏡を使わなくても見えるのに、「どうしてこれまで見つかってこなかったんですか？」という質問だ。

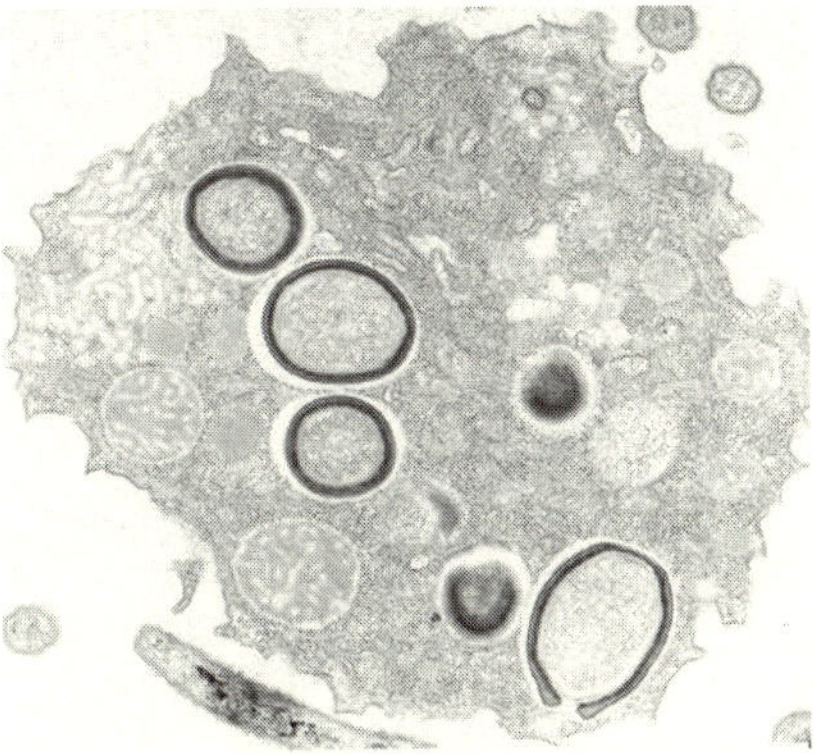

図16　角膜炎の患者から発見されたパンドラウイルス・イノピナトゥム

アカントアメーバに感染している状態のパンドラウイルス・イノピナトゥム。形状は明らかにパンドラウイルスであることを示している（特に右下のものは、うまい具合に開口部が見えている）。
[出典：Scheid P et al. (2008) *Parasitol. Res.* 102, 945-950.]

これも33ページで述べたように、見つかってはいたんだけれど、誰もそれをウイルスだと思わなかった、ということなのだ。だからそのような質問を受けた際には、「巨大ウイルスという概念がなかったので、見えていても巨大ウイルスだと気づかなかったからですよ」と答えるようにしている。見ているつもりであっても、じつは見えていなかったのだ、と。肩こりという概念を知らない外国人は肩こりにならないが、来日して肩こりという概念を知った外国人は肩こりになってしまうという。この話と、同じではないか。

そして私たちは今、彼らを「見つける」ことに成功した。

いったい彼らはどこから来て、どこに棲み、どのような生物と相互作用して、多くの生物に囲まれたこの世界の中で生き続けてきたのだろう？

そこには、非常に魅力的で、かつ奥の深いミステリアスな〝知識の穴〟が、ぽっかりと口を開いているように思われる。巨大ウイルスは、まさにパンドラウイルスの名前のとおり、これまで誰も開けることができなかった謎に満ちたその穴（箱というより〝穴〟だ）を、開くきっかけとなるものだったのである。

もっとも――、開けたその中は真っ暗で、まだ何も見えないのだが。

第2章

巨大ウイルスが作る「根城」

——彼らは細胞の中で何をしているのか

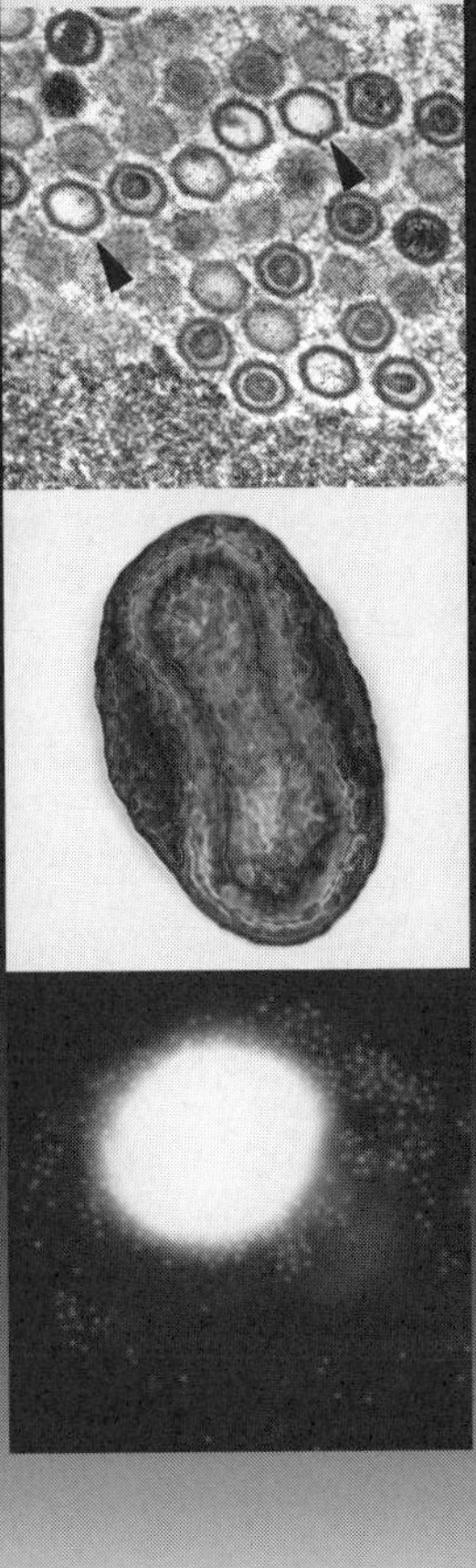

図17　ある拠点

これは、私の研究上の拠点である。ここで研究計画を立て、論文を書き、そして学生を指導する。実験を行う拠点はまた別にある。

子どもの頃、親や先生から決して見つからない、自分だけの「根城」に憧れた経験がある大人は多いだろう。なかには、実際に根城を見つけてしばらく住んでいた、なんて人もいるはずだ。

仕事をするにしてもプライベートの生活をするにしても、根城、別の言い方でいえば「拠点」の存在は大きい。さまざまな準備をする場所。じっくりと考える場所。休息する場所。そして、そこから指令を出して大きなものを動かす場所……。そうした拠点があるがゆえに、プライベートでは心と体の安らぎを得、仕事では大きなプロジェクトを立ち上げ、多くの人と議論し、そしてプロジェクトを押し進めることができる（図17）。

人間のみならず、多くの生物にも「根城」がある。自然の中で遊んでいて偶然見つけたアリジゴクの穴も、鬱蒼《うっそう》と生い茂った植物の間に作り出された、朝露に光る芸術的な蜘蛛《くも》の網も、いずれもそれらの生物にとっての「根城」である。

しかし、じつはウイルスにも「根城」があることは、案外知られていない。

ウイルスというと、いつもは空気中や水中を浮遊しているというイメージが強い。ある特定の穴の中に潜んでいるとか、巣を作ってそこにワラワラと生息しているとか、そういうイメージはあまり思い浮かばない。

だが、いくら私たちにイメージがなくても、彼らにもちゃんと「根城」がある。しかも、思わぬところに、ひっそりとではあるものの活動的な構造物を、しっかりと建造しているのだ。特に巨大ウイルスでは、そうした「根城」もまた、その名に負けず劣らず巨大だったのである。

2-1　ウイルスは何をしている？

ウイルスはどこで増殖する？

巨大ウイルスは、感染した宿主の細胞の中で、いったい何をしているのだろうか？

インフルエンザウイルスほど「病原性ウイルス」という言葉が似つかわしいウイルスはいないだろう。彼らは、私たちヒトの上気道（ノドなど）の細胞に感染すると、その細胞の中で大量に増殖する。大量に増殖し、細胞を蹴破って外へ飛び出していき、今度は別の細胞に感染して、さらに増殖する。私たちの体はこうした事態に反応し、免疫系を動かして、彼らの排除に動き出す。高熱が出るのもその一環だ。

最近は、病原性ウイルスの〝横綱〟たるその座を奪い取るかのように、エボラウイルスやジカウイルスなどの、いわゆる「新興ウイルス」がさかんに人々の口の端にのぼる。彼らもまた、ヒトの細胞などに感染すると、やはりその細胞中で大量に増殖し、細胞を蹴破って外に飛び出し、別の細胞に感染して、さらに増殖する……。インフルエンザウイルスとまったく同じだ。

そうなのだ。

当たり前のことをいうようだが、結局のところウイルスというのは、細胞の中で「増殖」しているのである。それは、インフルエンザウイルスであろうとエボラウイルスであろうと、そして巨大ウイルスであろうと変わらない。とにもかくにも、ミミウイルスもパンドラウイルスも、そしてマルセイユウイルスも、感染したアカントアメーバの中で「増殖」するのである。

かつて私は、『レプリカ——文化と進化の複製博物館』(工作舎)という本の中で、この世のすべてのありようは「複製」という所作に還元されるということを書いた。複製とはこの場合、DNAの複製や細胞の増殖に限らず、印刷技術や複製芸術、教育など、すべての社会的事象を包含している。もちろん、すべての生物学的事象もそうだ。感染した細胞の中でウイルスが大量に増殖するという行為もまた、数あるうちの「複製」行為の一つ、ということになる。

ありふれた「コピーの芸術」

考えてみるとウイルスの複製というのは、この世界で最も複製らしい複製であり、かつ最も効率のよい複製であるといえる。なにしろたった一個のウイルスが、宿主の細胞の中で、同一性を保持したまま、まったく同じウイルス粒子として何千、何万個にまで増えるのだから。これこそ「複製の極致」であるといっても過言ではない。まさに「コピーの芸術」である。

しかし、だからといって、ウイルスの複製が「特別に特異なものである」というわけではない。実験室や台所で、一夜にして培養液やみそ汁をダメにしてしまう細菌の増殖を見ればよい。彼らは、一回の複製であそこまで大量に増えるわけではなく、素早い複製を何回も繰り返しながら、結果的にウイルスの複製と同様に、その数の劇的な増大をもたらしている。

複製というのはきわめて生物的な行為であって、人間社会に蔓延するさまざまな複製は、人間が生物の一種であることの延長線上にある出来事だ。してみると、ウイルスの大量増殖、すなわち複製行為もまた、きわめて生物的であるともいえる。ただ、その方法が細胞性生物とやや違うのである。細胞性生物が「倍、倍、倍……」というふうに増えていくのに対して、ウイルスはたくさんの「コピー」が一気にできる。もっともその違いは、「生物であるか否か」を分けてしまう、一つの根拠ともなってしまっているのではあるが。

要するにウイルスは、幸か不幸か、細胞性生物とは異なる複製方法を、進化の過程で採用した。細胞にとりつくというそれほど多くはない機会を最大限に利用しなければならないがゆえに、指数関数的な複製方式をとらざるを得なかったのかもしれない。それゆえにウイルスの複製は、生物的ではあるけれども生物的ではないという、なんともいいようのない立場に置かれてしまった。

そのような、いってみれば非生物的な複製を、生物の細胞の中で行わなければならない。その結果として必然的に、細胞のしくみからは一線を画した「根城」を作らざるを得なかったのであろう。特別に特異ではないが、「タオル」と「豆腐」ほどは違う。これについては後で述べる。

ウイルスの生活環①——吸着から脱殻まで

ウイルスは細胞の中で大量に増殖するわけだが、逆の言い方をすると、ウイルスは細胞の中に入り込まなければ増殖することができない。したがって、ウイルスの生活環（生物の世代交代をサイクルとしてとらえたときに、ある一つの世代が生まれ、次の世代が生まれるまでの一サイクルを指す）には、必ずその宿主となる細胞性生物のしくみが大きく入り込んでいる。

私たちの身のまわりに浮遊していたり、水の中に大量に浮遊していたりするのは、一般に「ウイルス粒子」とよばれる状態のものである。その状態においては、何をしているとかしていないとか、そんな議論がまず意味をなさないほど、ウイルスは「不活性な状態」にある、とよくいわれる。つまり「ただそこにいるだけ」なのだ。彼らがその状態で、何か積極的なことをしているということはない（と、現時点では考えられている）。ウイルスがウイルスらしい状態となるのは、宿主の細胞の中に侵入してからだ。

宿主となる細胞に遭遇すると、ウイルス粒子はまず、その細胞の表面に「吸着」する（図18）。吸着といっても、それは決してタコが獲物に食らいつくようなイメージではない。積極的に吸着するというよりも、むしろ「偶然、そこに細胞があったからくっつくんだ」といった具合に、ただ吸着するのである。

インフルエンザウイルスに関してよく耳にする、「Ｈ１Ｎ１」だの「Ｈ２Ｎ２」だのといったタイプ区分のうち、「Ｈ」というのは、この吸着に関与するタンパク質「ヘマグルチニン」のことを指している。このタンパク質を介して、インフルエンザウイルスは細胞表面に吸着する。

吸着された細胞の視点に立つと、当初はそれほど気にしていないようにも見える。へんなものが細胞膜の表面にくっつくと、細胞はそれを、そのまま細胞膜で囲い込むようにして内部に取り込む作用をもつ。その作用には、「エンドサイトーシス」や「ファゴサイトーシス」といった名

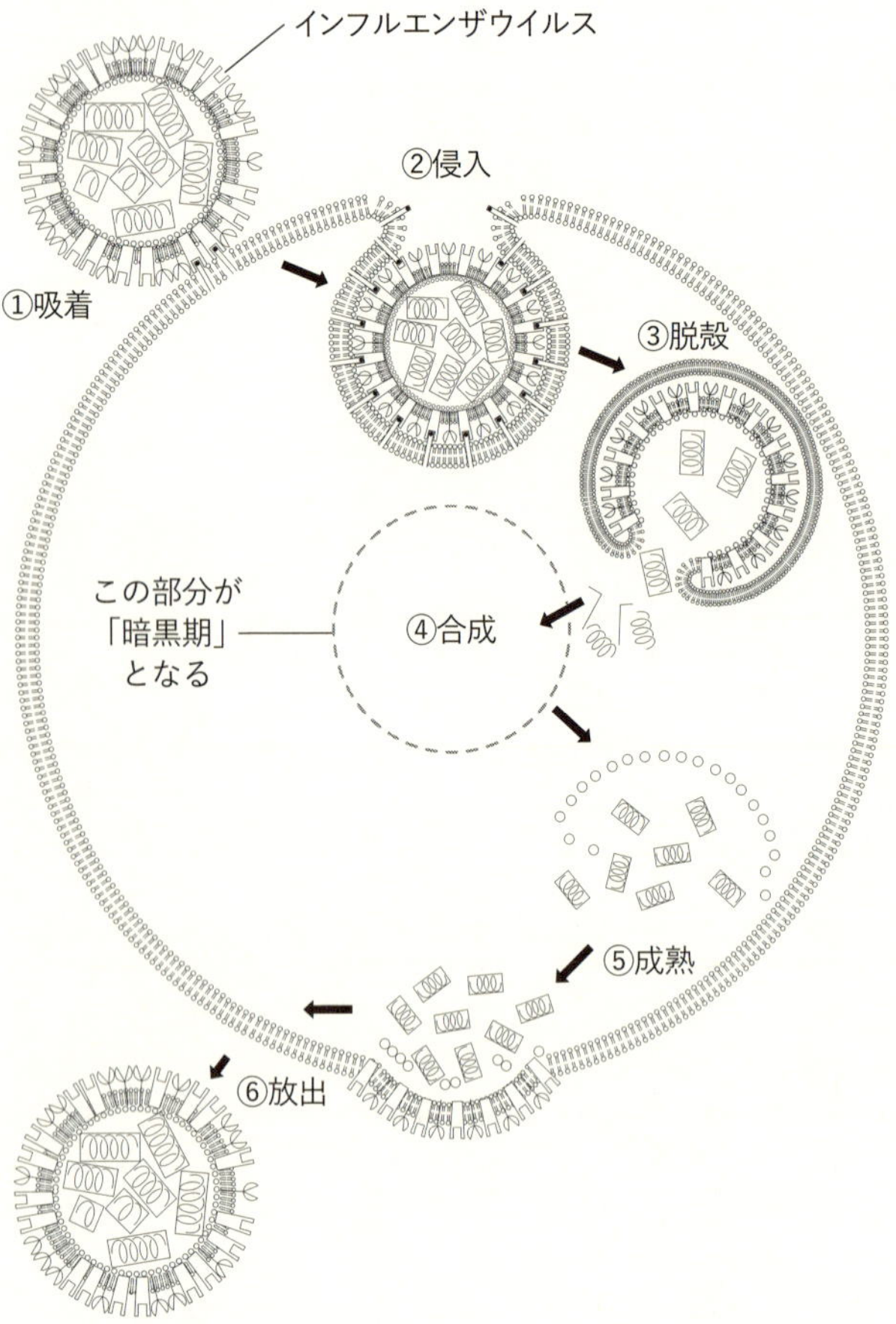

図18　ウイルスの生活環

インフルエンザウイルスの例を示した。ウイルスの基本的な生活環は、細胞表面への「吸着」、細胞内への「侵入」、核酸を放出する「脱殻」、DNAやタンパク質を作り上げる「合成」、粒子をふたたび作り出す「成熟」、そして細胞外への「放出」という6つのステップから成る。

称がつけられている。後者のほうがより積極的に「食べる」作用を意味しており、「貪食作用」ともよばれることは前記のとおりだ。アカントアメーバがミミウイルスを取り込むのは、後者である。いってみれば細胞は、吸着したウイルス粒子をそれほど怖いとも思わずに、「なんだコイツ」という具合に食べてしまうのである。

さて、食べられたほうのウイルス粒子にしてみれば、ただだまって消化されるわけにはいかない。そこで、自分を囲い込んだ膜（エンドサイトーシスの場合は「エンドソーム」、ファゴサイトーシスの場合は「ファゴソーム」という球状の膜）に穴を開けるなり、自身のエンベロープをその膜に融合させるなり、さまざまな方法を駆使してこの「細胞の胃袋」に穴を穿《うが》ち、その穴を通じて自らのゲノムを、宿主の細胞質に向けて放出する。これが「侵入」であり、この過程で自身のカプシドタンパク質をあたかも脱ぎ捨てるように中身のゲノムを放出することから、これを「脱殻」という（図18）。

ウイルスの生活環②——合成から放出まで

宿主の細胞質内に放出されたウイルスのゲノムは、ＤＮＡゲノムとＲＮＡゲノムによってその後のプロセスは異なるものの、最終的には、宿主の細胞質内もしくは細胞核内のどこかで複製される。それと同時に、ＤＮＡゲノムからはメッセンジャーＲＮＡ（ｍＲＮＡ）が、ＲＮＡゲノム

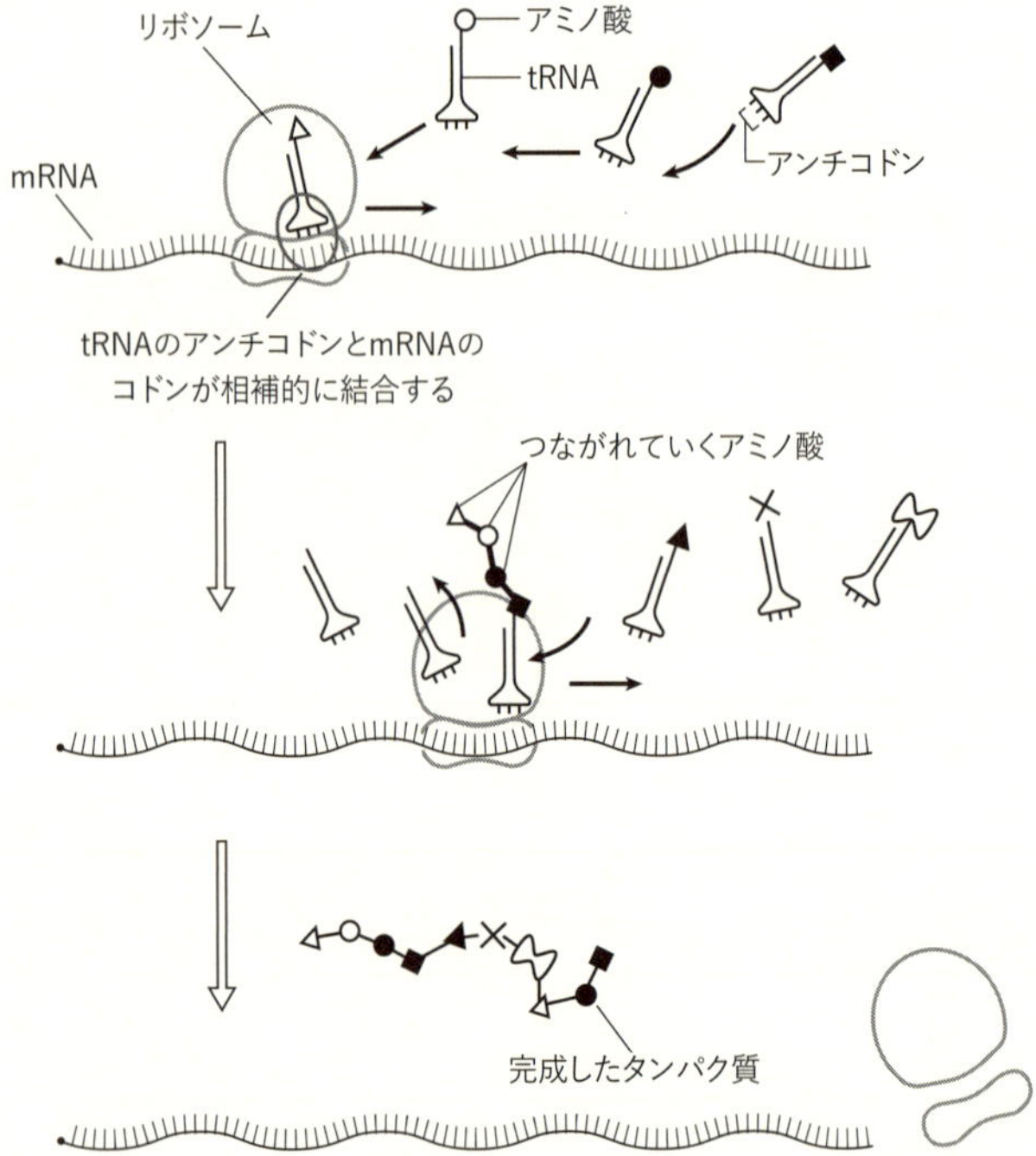

図19　翻訳システムのしくみ

であればそれ自身が（もしくは、それ自身を鋳型としてmRNAが転写されて）、宿主の「翻訳システム」を活用してカプシドを含むウイルスタンパク質が作られる。

翻訳システムとは、mRNAにある遺伝子の情報、すなわち、タンパク質のアミノ酸配列の情報を、タンパク質合成装置である「リボソーム」が読み取り、アミノ酸をつなげてタンパク質を作るシステムのことであり、あらゆる生物がもっている一方、ウイルス自身はもっていない（図19）。したがってウイルスは、宿主の翻訳システムを使うことで、自らのタンパク質を合成するのである。

これらの過程を「合成」といい、合成が進行している間は、見かけ上、宿主の細胞内にウイルス粒子は見られなくなる。この期間が「暗黒期」であり、英語では、「月蝕」や「日蝕」を表す「eclipse」という単語が用いられる。まさしく月蝕のように、ウイルス粒子が宿主細胞の内部に〝雲隠れ〟してしまうのだ（図18）。

私たち人間から見れば、ウイルス粒子が消えるのだから「暗黒期」であるけれども、ウイルスから見れば、この期間こそ、なにしろすべての成分を新たに合成するのだから、彼らの全生活環のうちで最も重要でイキイキとした時期にあたる。ウイルスにしてみれば決して「暗黒期」などではなく、むしろ「黄金期」であるといえよう。

合成期が過ぎると、ウイルス粒子の形成が始まる。これが「成熟」である。巨大ウイルスの場合、宿主の細胞核内もしくは細胞質内で、複製されたゲノムと合成されたカプシドその他のタンパク質、そしてときには脂質二重膜などが集合し、ふたたびウイルス粒子が作られていく。

その他のウイルスのうち、エンベロープウイルスでは、細胞質内でゲノムやカプシドタンパク質などが集合した後に、細胞膜を持ち上げるようにしてウイルス粒子が飛び出していく。持ち上げられた細胞膜はそのまま、そのウイルスのエンベロープとなる。

このようにして、一細胞あたり何百、何千、何万個にもおよぶウイルス粒子が、宿主の細胞質から外界へ向けて「放出」されるのである（図18）。

「ウイルス工場」はなぜ作られる？

ウイルスの生活環の中で、ウイルスの黄金期ともいえる時期、すなわち、私たちから見ればウイルス粒子の「暗黒期」に、宿主の細胞内に〝ある構造物〟が作られる。それが、本章の主役たる「ウイルス工場」である。

ただし、ウイルス工場を作るのは一部のウイルスであって、すべてのウイルスが作るわけではない。さらに、ウイルス工場と一口にいっても、さまざまな形や機能を有するため、すべてをここで紹介するわけにはいかない。本書では、巨大ウイルスを含む比較的大型のＤＮＡウイルスのウイルス工場についてお話ししていく。

さて、工場といえば、製造業における工場が真っ先に想起される。したがって、まずは製造業の工場のようすをイメージするところから始めよう（図20）。

自営業で、自宅と工場が一体というようなごく小規模のものはここでは除き、大規模な会社になればなるほど、およそ工場をもたない製造業をイメージすることはできまい。商品を製造するための専用設備があり、専属の従業員がいるのは当然のことである。製造のための設備が営業部

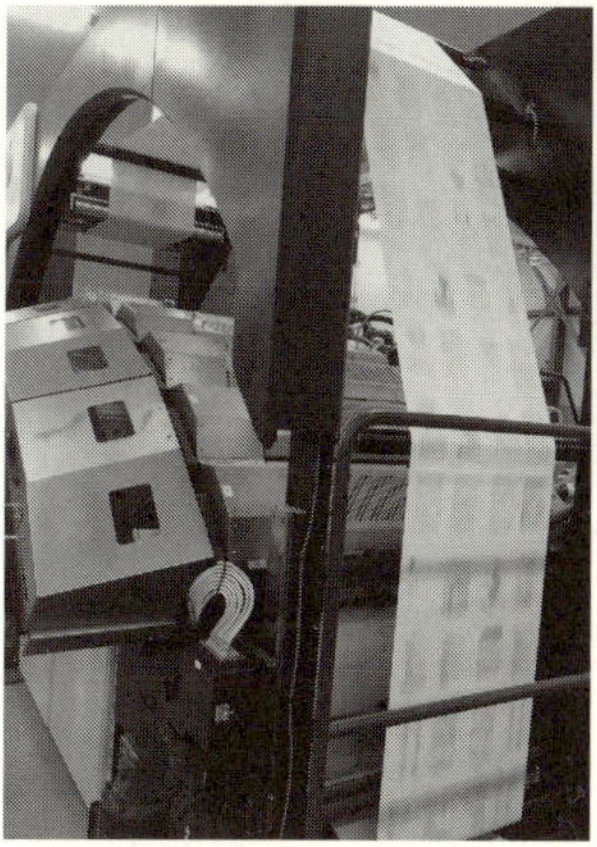

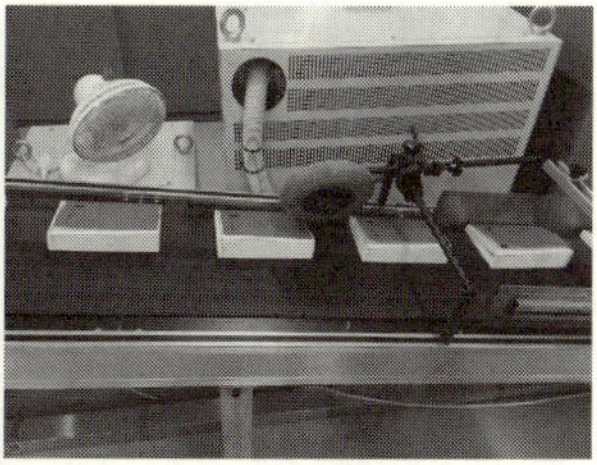

図20　ブルーバックスが作られていくようす

長大な用紙の表裏に印刷された後（左）、折りたたまれてとじられ、本の形に仕上がっていく（右）。まさしくブルーバックス工場だ。

や広報部と同じフロアに並んでいるよりも、専用の区画があって、材料や設備がそこに集積しているほうが、圧倒的に効率がよいからだ。

そのようにして区画化された領域が、「工場」とよばれるわけである。

ウイルスにとっても、ゲノムの大きさや粒子の構造が複雑になればなるほど、そのような「工場」において生産されたほうが、宿主の細胞がDNAを複製したりタンパク質を合成したりしている場所（細胞質や細胞核）でむき出しのまま生産されるよりも、おそらくずっとよいのではないかと考えられる。

もちろん、タンパク質を合成する際は、ウイルス自身はリボソームをもたず、宿主のリボソームを使わないとできないから、タンパク質を合成する場は共用しなければならない。さらにはリボソームのみならず、「別の生物」である宿主の細胞の、タンパク質を作るための材料（アミノ酸など）をも乗っ取って、生産しなければならない。まるで豆腐工場のど真ん中に、豆腐の生産ラインを乗っ取ってタオルの生産ラインができるようなものだ。

豆腐とタオルを分けるには？

豆腐を生産する際に飛び散る豆乳（実際に飛び散るかどうかはわからないが、ここでは飛び散るとしておく）。その汚れからタオルを守るには、どうすればいいだろうか。当然のことながら、タオルの生産ラインのみ、豆腐の生産ラインから区分けして、ときには壁で囲うなどの必要が出てくるだろう。

ウイルスの場合も、自身の「合成」を行う場所を、宿主の細胞の中で区分けして、それ専用の「工場（右の例でいう生産ライン）」を作るのである。これが、「ウイルス工場」だ。

ほんとうは、リボソームも区分けして、宿主のタンパク質を合成するリボソームと、ウイルス自身のタンパク質を作ってくれるリボソームを分けたほうがよいのかもしれない。しかし、この点に関しては、ウイルスはもっと貪欲である。なにしろ宿主の細胞質には、リボソームが無数にある。おそらくウイルスは、使えるリボソームは片っ端から使うのだ。ときには、宿主の細胞のすべてのリボソームが、ウイルスによって乗っ取られてしまっている可能性もある。だから、あえてリボソームを区画化して別の場所に囲い込んでしまう必要はないのだろう（図21）。

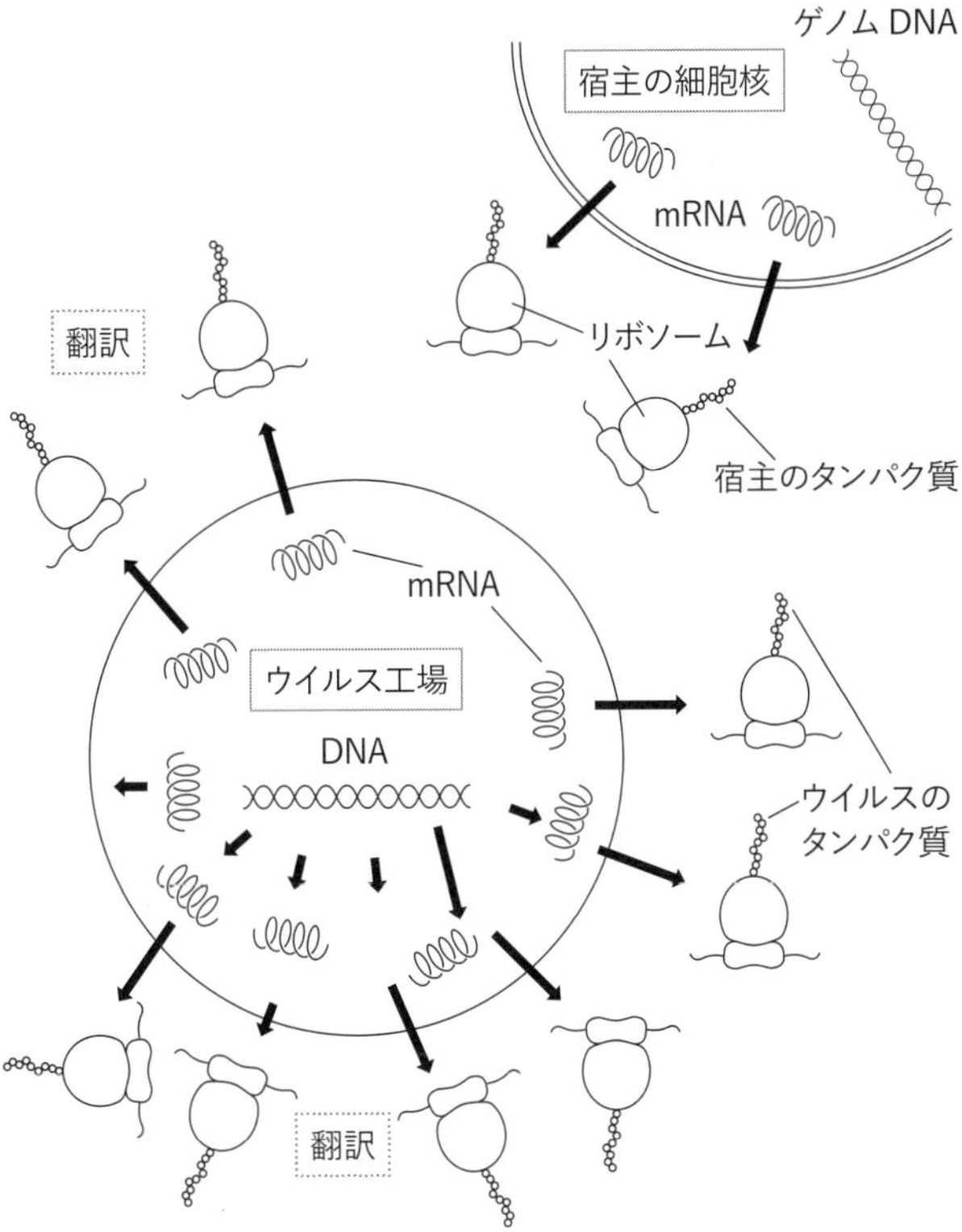

図21　ウイルス工場とリボソーム

ウイルス工場で生産されるmRNAは、ウイルス工場から飛び出し、そこに無数に存在する宿主のリボソームを貪欲に使いあさる。細胞質にウイルス工場が作られる1つの利点は、その周囲にリボソームが数えきれないくらい存在することであろう。

一方、ゲノムの複製は非常にデリケートな作業である。なにせ、ウイルスにとっては（ウイルスにとっても、といったほうがよいだろう）、ゲノムは自身の忠実な複製を作るための設計図（遺伝情報）である。間違っても、宿主のゲノムと混ざってしまうようなことがあってはならない（……というのは、じつは宿主側の言い分にすぎないのかもしれない。その真意は第4章で）。

しかも、DNAは細長い。タンパク質のように、球状にコンパクトにまとまっているような物質ではないので、専用の工場で複製しないと、もしかしたらこんがらがってしまって、使い物にならなくなるかもしれない。

だからこそ多くのDNAウイルスは、宿主の細胞内に、その複製を専門に行う「ウイルス工場」を作るのだ。そうしたほうが、彼らにとってさまざまな面で効率がよく、進化的にも有利だったからに違いない。

2-2 ウイルス工場の多彩な姿

ヘルペスウイルスの場合――細胞核内に形成されるウイルス工場

すべてのウイルスが、宿主の細胞の中にウイルス工場を作るわけではない。とはいえ、ウイルス工場のサイズや種類はさまざまで、RNAを遺伝子の本体としてもつ「RNAウイルス」から、ＤＮＡを遺伝子の本体としてもつ「ＤＮＡウイルス」まで、広い範囲のウイルスで「ウイルス工場」が存在することが明らかになっている。いくつか例を挙げてご紹介しよう。

まずは、巨大ウイルスには含まれない、比較的大型のＤＮＡウイルス「ヘルペスウイルス」について（図22）。

ヘルペスウイルスといえば、私たちヒトにさまざまな病気を引き起こすウイルスとして知られ、「ヘルペスウイルス科」という大きなグループを形成している。ヒトに感染するものとしては、「単純ヘルペスウイルス１型」「単純ヘルペスウイルス２型」「水痘・帯状疱疹ウイルス」「エプスタイン・バーウイルス」などが知られている。

いずれも正二〇面体型のＤＮＡウイルスであり、カプシドの外側に宿主の膜に由来するエンベロープをもつ（図22Ⓔ）。粒子サイズは一二〇～二〇〇ナノメートル程度で、ゲノムサイズも比較的大きく、一二万～二六万塩基対ある。タンパク質の種類も比較的多く、七〇～二〇〇種類ほど存在する。ただし、従来のウイルスと並べたときに比較的大きい、もしくは比較的多いというだけで、巨大ウイルスに比べれば小さいといえる。

ヘルペスウイルスが宿主細胞に侵入すると、カプシド内部に存在するゲノムＤＮＡを含むコアが放出される。このコアは、細胞骨格（細胞に張りめぐらされた、タンパク質でできた骨格）に沿って細胞核にまで到達し、そこで細胞核内に注入される。

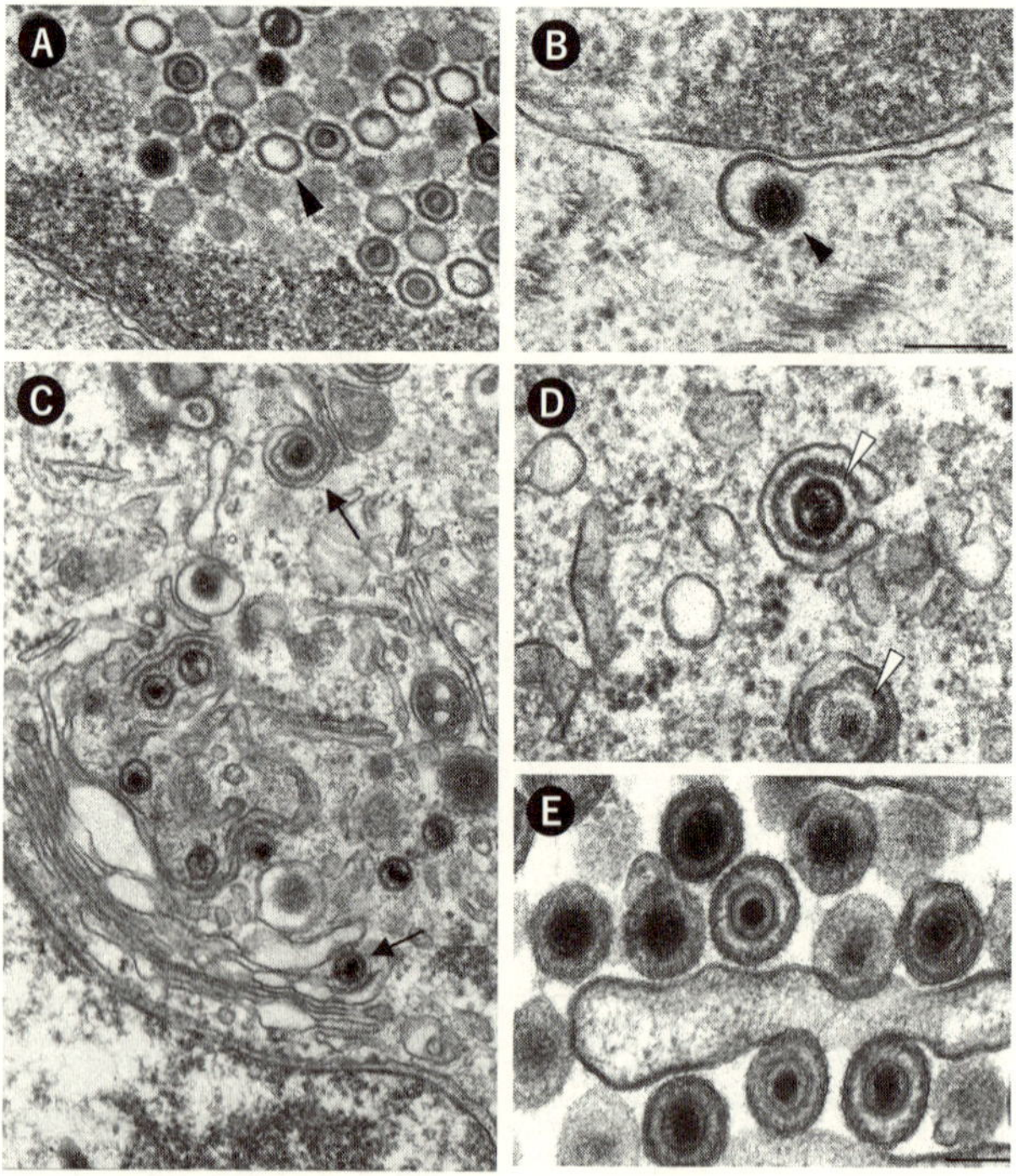

図22 **宿主細胞内で作られるヘルペスウイルス粒子**

Ⓐ細胞核内で作られ、蓄積されているヘルペスウイルス粒子。

Ⓑ核膜（上側）から細胞質（下側）へと飛び出そうとしているウイルス粒子。

Ⓒ細胞質で、ゴルジ体に由来する膜で包まれるウイルス粒子（矢印）。

Ⓓゴルジ体由来の膜の内部に「テグメント」とよばれる層（白矢印：代謝に関わるタンパク質などを含む）が形成されたウイルス粒子。

Ⓔ細胞外へと放出されたウイルス粒子。

［出典：Novoa RR et al. (2005) *Biol. Cell* 97, 147-172.より改変］

細胞核には、「核膜孔」とよばれる穴が無数に開いており、細胞核と細胞質との間の物質輸送をつかさどっている。この核膜孔を通じて注入されたヘルペスウイルスゲノムＤＮＡは、通常は線状だが、細胞核内では両端がつながって環状化され、丸くなる。そして細胞核内において、ゲノムＤＮＡが複製される。すなわち、ヘルペスウイルスのウイルス工場は、感染した宿主の細胞の、細胞核内に形成される（図22Ⓐ）。

ゲノムＤＮＡの複製、ウイルスタンパク質遺伝子の転写、ならびにカプシドの形成は、細胞核内に形成されたウイルス工場で行われる。細胞質のリボソームで合成されたカプシドタンパク質は、核膜孔を通って細胞核内に移動し、そこでカプシドとして組み立てられる。

組み立てられたカプシドは、核膜の内側の膜で自身を囲い込むようにして、初期エンベロープを形成する。やがて核膜を通り抜けて細胞質に出て（図22Ⓑ）、「ゴルジ体」（細胞外へと分泌されるタンパク質が、最後の修飾を受ける細胞小器官）に由来する膜で包まれるなどのいくつかの過程を経て、細胞外へと放出される（図22ⒸⒹ）。

ヘルペスウイルスの場合、細胞核内に形成されたウイルス工場は、特に明瞭に区画化されるようなことにはならない。

ポックスウイルスの場合――細胞質中に形成されるウイルス工場

ポックスウイルスは、ミミウイルスが二〇〇三年に発見されるまで、ウイルスの中で最大の粒子サイズを誇ったウイルスである。「ポックスウイルス科」という大きなグループを形成し、そのポックスウイルス科はさらに「NCLDV（核細胞質性大型DNAウイルス）」とよばれるグループに含まれる。NCLDVとは、細胞核や細胞質で複製し、最終的に細胞質で粒子の形成が完了する、比較的大型のDNAウイルスのことをいう（詳しくは第3章以降で）。

ポックスウイルス科は、天然痘の原因となる天然痘ウイルスが最も有名だが、牛に感染する「牛痘ウイルス」、昆虫に感染する「エントモポックスウイルス」など、生物種をまたいで多様な宿主に感染する大きなグループである（図23左）。

ポックスウイルスは、ヘルペスウイルスと同じく、エンベロープをもつDNAウイルスだが、正二〇面体型ではなく、楕円形をしたカプシドに覆われている。最もよく研究されているのが「ワクチニアウイルス」（その名からもわかるように、天然痘や牛痘のワクチンを作る際に用いられてきたウイルス）で、そのサイズはときには三〇〇ナノメートルにも達する。これは、巨大ウイルスの中で最も小さなマルセイユウイルスよりも大きいサイズだ。

ポックスウイルスは、サイズこそマルセイユウイルスより大きいものの、ゲノムサイズでは一三万～三七万塩基対と、最も大きなものでもマルセイユウイルスとほぼ同程度にとどまる。マル

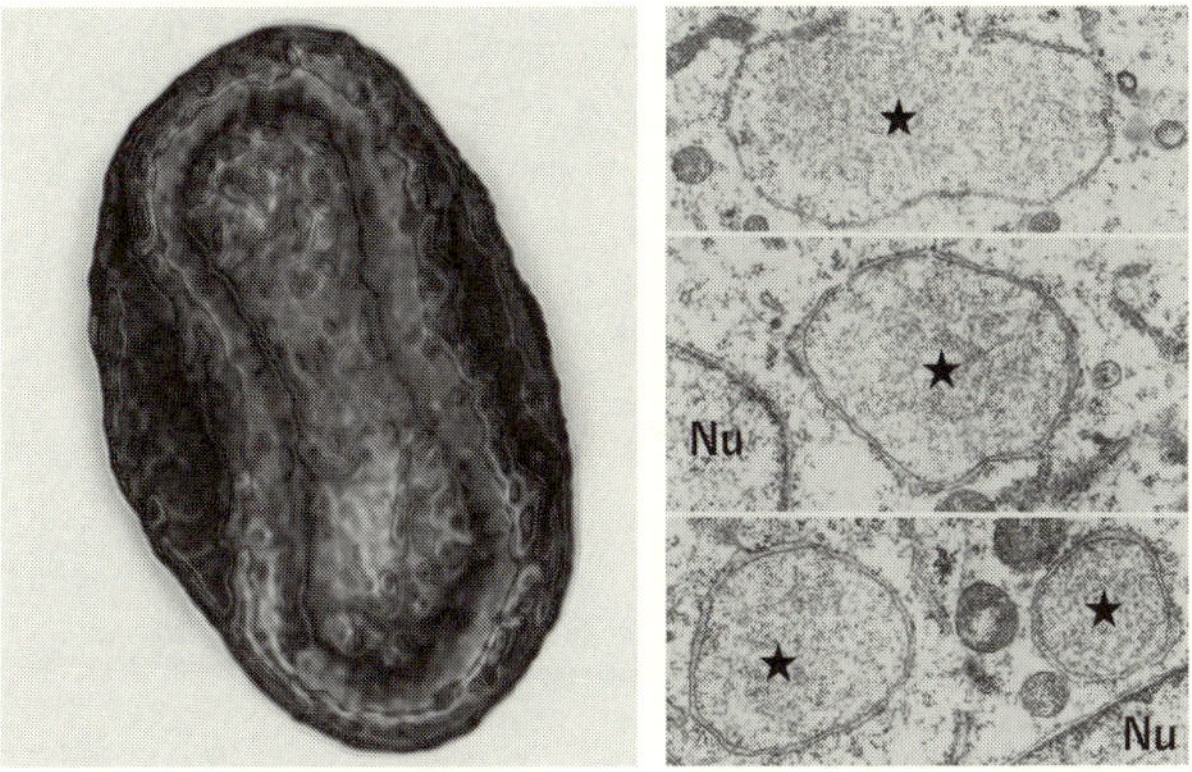

図23　ポックスウイルス
（左）ポックスウイルスの電子顕微鏡像。（Science Source ／アフロ）
（右）ワクチニアウイルスのウイルス工場。★印は、ワクチニアウイルスが作り出したウイルス工場。「ミニ核」ともよぶべき構造を呈している。「Nu」と書かれているのは、宿主の細胞（HeLa細胞）の細胞核である。
［出典：Tolonen N et al. (2001) *Mol. Biol. Cell* 12, 2031-2046. より改変］

セイユウイルスはミミウイルスなどと系統が比較的近いが、そうではないポックスウイルスは、あえて巨大ウイルスに含めるほどでもない。

ここからは、よく研究されているワクチニアウイルスを例にとろう。

ヘルペスウイルスとは異なり、ワクチニアウイルスのウイルス工場は、宿主細胞の細胞質の中に形成される（図23右）。ワクチニアウイルスが細胞内に侵入すると、その内部にあるゲノムDNAを含む「コア」が放出される。コアはやがて、宿主細胞の細胞質にある粗面小胞体（リボソームがその表面に結合して、リボソームが作るタンパク質を修飾して分泌される形にするはたらきをもつ）の近くに行き、そこでＤＮＡを放出する。

その後、ＤＮＡの複製が開始される頃には、周囲にあった粗面小胞体がそのまわりに配置され、あたかも粗面小胞体の膜でできた小さな細胞核が、宿主の細胞質にたくさん生じたかのように見える状態となる（図23右）。この「小さな細胞核」こそが、ワクチニアウイルスのウイルス工場だ。

このウイルス工場内でワクチニアウイルス遺伝子の転写がなされ、ウイルス工場の外にあるリボソームにおいて、翻訳とタンパク質合成が行われると考えられる。これらのウイルスタンパク質はその後、なんらかの方法でウイルス工場内に移動して、そこでウイルス粒子の組み立てが起こるのであろう。

ウイルス粒子が完成すると、ワクチニアウイルス粒子は細胞骨格に沿うようにしてゴルジ体へと移動し、そこでゴルジ体に由来する脂質二重膜により包まれる。そして、細胞外へと放出されるのである。

このように、ワクチニアウイルスのウイルス工場は、ヘルペスウイルスのウイルス工場とは異なり、細胞核とはまったく独立に細胞質に形成される。先ほども述べたように、そのようすはあたかも、「小さな細胞核」のごときである。このことは、第４章の議論と大きく関わってくるので、ぜひ覚えておいていただきたい。

マルセイユウイルスの場合――とにかくでかいウイルス工場

さて、巨大ウイルスの一種マルセイユウイルスもまた、感染したアカントアメーバ細胞内に、巨大なウイルス工場を形成する。じつはマルセイユウイルスのウイルス工場は、これまでに知られているどのウイルス（巨大ウイルスを含む）に比べても、最大の規模を誇るといえる。それはじつに、アカントアメーバの細胞質の、ゆうに三分の一ほどは占めるのではないかと思えるほど「巨大」なのである。

トーキョーウイルスを例にとろう。二〇一五年九月一日、トーキョーウイルスの正二〇面体構造を透過型電子顕微鏡でとらえることに成功したその日に（59ページ参照）、ウイルス工場らしき構造体の姿もまた、とらえることに私たちは成功していた（図24）。

その画像を見ると、アカントアメーバの細胞質中に大きな領域を占めるグレーの塊があり、その内部には点々と、トーキョーウイルスの粒子と思しき物体が、さまざまな姿を垣間見せながら存在していた。ときには、そのグレーの塊（これこそウイルス工場である）の中にさらに濃く小さな領域があり、そこからウイルス粒子が出芽するがごとく飛び出しているようにも見える（図24下）。またあるときには、そのグレーの塊の中央付近で、たくさんのトーキョーウイルス粒子が犇き合っているようすも見られる（図24上）。

図24 トーキョーウイルスのウイルス工場の電子顕微鏡像

(上) アカントアメーバのある切片におけるウイルス工場。細胞下部の大きなグレーの領域がウイルス工場で、その中央には成熟したトーキョーウイルス粒子(黒い粒々)が集まっている。[出典:Takemura M. (2016) *Microbes Environ*. 31, 442-458.より改変]
(下) 別の切片におけるウイルス工場。グレーの領域の中に、いくつかの黒っぽい領域が点在している。その一部を拡大したのが右の写真で、周囲にトーキョーウイルス粒子が散在している。よく見ると、黒っぽい領域から浮かび上がるように、ウイルス粒子が生じているかのようにも見える。

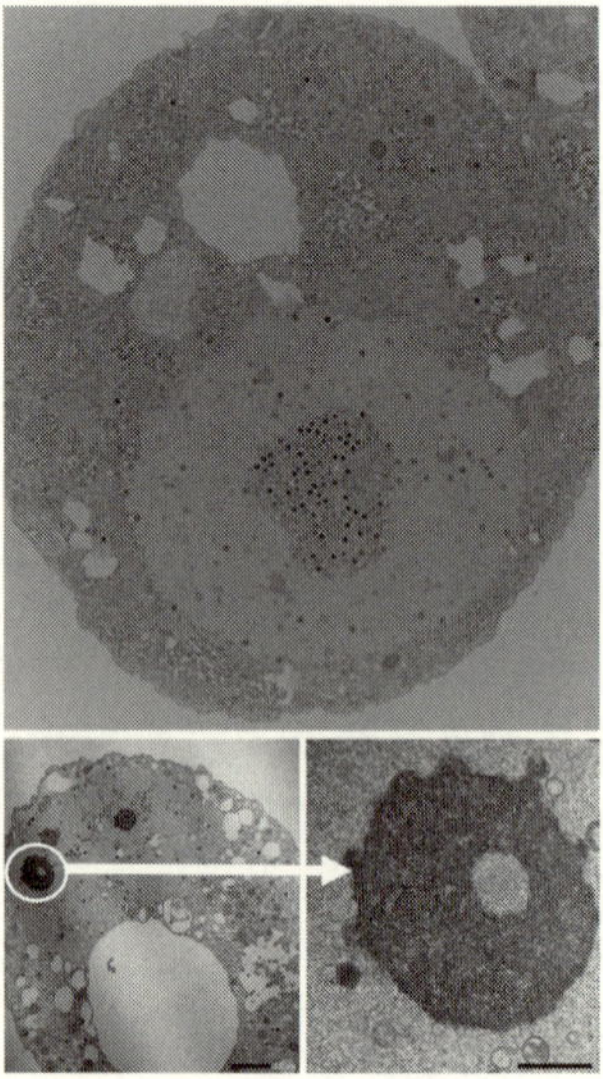

とにかくでかい。その一言に尽きるのだが、マルセイユウイルスは発見されてまだ間がなく、研究者の数もミミウイルスほど多くはないため、ウイルス工場がどのようにして作られ、どのようにして粒子が大量生産されていくのか、不明な点がまだまだ多く残されている。私も現在、何人かの研究者と共同して、トーキョーウイルスの構造的な解析を、ウイルス工場も含めて行っている最中である。

なお、トーキョーウイルスのウイルス工場には、ポックスウイルスで見られるような、周囲を取り囲む膜のようなものは見られない。これは、マルセイユウイルスのウイルス工場に共通の特徴であるように思われる。

2-3 ミミウイルスが作り出す「宝石」

え？　多彩なウイルス工場の話がもうこれで終わりなのかって？
どうぞご安心を。〝本命〟であるミミウイルスのウイルス工場の話は、本節でじっくりとするつもりである。

宿主の細胞核とどう見分けるか

さて、ベルナルド・ラ・スコラ博士から送られてきた「初代」ミミウイルスは、私の研究室における巨大ウイルス研究にとって、重要な里程標《マイルストーン》となった。第1章で述べたように、ミミウイルスがほんとうに光学顕微鏡でも見えるのか、アカントアメーバにどのような細胞変性効果をもたらすのかを、この目で見るためには必要不可欠だったからだ。

しかしさらに重要だったのは、「ミミウイルスのウイルス工場がどのように見えるのか」を知るということだった。

30ページで紹介した、光学顕微鏡で見えたツブツブ。これがミミウイルスか！――そう確信した私は、このツブツブ入りの培養液を新しいアカントアメーバに植え継いだ。それから数時間後にアカントアメーバを採取して、ＤＡＰＩとよばれる、ＤＮＡと結合し、紫外線を当てると青白く発光する試薬で処理して、蛍光顕微鏡で観察してみた。この「DAPI染色」をすることで、複製されつつあるウイルスDNAがわんさか存在する「ウイルス工場」を見ることができるからである。

この過程も、詳しく話すと長くなる。

「見ることができる」とはいっても、これまでウイルス工場を染色したことがなかった身としては、試行錯誤でやってみるしかなかった。しかも、わかっていたのは「ウイルス工場にはDNAがたくさんあるから、DNA染色試薬で染めれば見える」という当たり前の事実だけであって、い、どのように染色すればよいのかはわからなかった。加えて、アカントアメーバは真核生物なので、DAPIで処理すると、アカントアメーバ自身のDNAが存在する「細胞核」をも染めてしまうことになる。

はたして、細胞核とウイルス工場はきちんと区別できるのか？　この試行錯誤の過程では、微生物学者でアカントアメーバを用いてクラミジアの研究をされている北海道大学・山口博之教授に、一言では言い表せないほど多くのご助言をいただいた。この場を借りて、厚く御礼申し上げたい。

さて、結論からいえば、アカントアメーバの細胞核とウイルス工場がきちんと区別できるのかという心配は、まったくの杞憂であった。

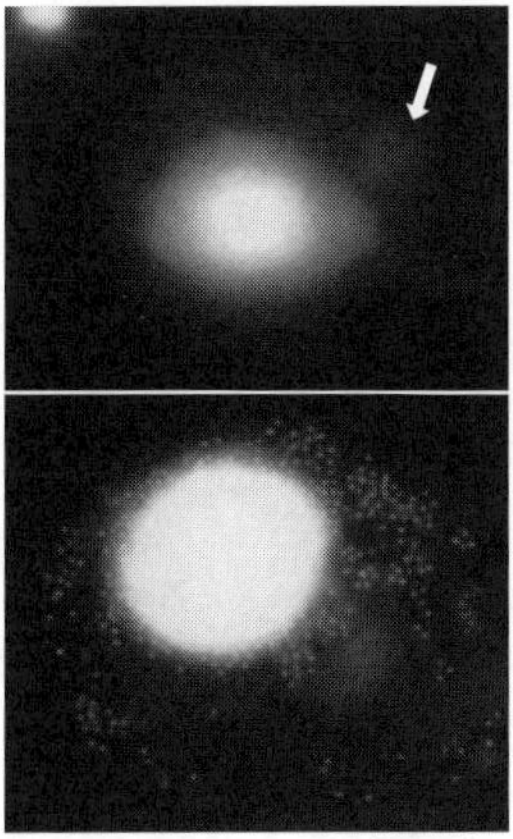

図25　ミミウイルスのウイルス工場の蛍光顕微鏡像

(上)「初代」ミミウイルスのウイルス工場。中央部のきわめて強い蛍光を発している部分がウイルス工場で、その周囲に無数の粒子が見える。その右上にうっすらと見える領域(白矢印)は、アカントアメーバの細胞核と思われる。
(下) 室野君が発見したミミウイルスの一つのウイルス工場。巨大なウイルス工場と、その周囲のミミウイルス粒子がはっきりとわかる。上の写真と比べて粒子の光り方が違うように見えるが、これは倍率や露光時間が異なるためで、実際にはほとんど同じである。[撮影：東京理科大学武村研究室]

顕微鏡下の「青き光」

ＤＡＰＩの染色時間を長くすれば——たとえば五分くらいかけてしまうと、アカントアメーバの細胞核もびっしりと染まってしまうが、五〇秒間程度のごく短い時間であれば、それほど染まらないことがわかった。山口教授のご助言の賜物の一つである。

そして、ミミウイルスに感染したアカントアメーバには、うっすらとしか染まらない細胞核の横に、これこそがじつは細胞核なんじゃないかと思えるほどにＤＡＰＩで強く染まり、強烈な光を放つ「ウイルス工場」が姿を現したのであった(図25およびカバー裏)。

ＤＡＰＩで処理をしてから蛍光顕微鏡にセットするまでには、十数分の時間がある。その間の心臓のバクバク感は、いまだかつて経験したことのないものだった。決して大袈裟な表現ではなく、ほんとうにそうだったのだ。もちろん「染色に失敗するかもしれない」とは考えていたが（実際に、実験というのは成功するより失敗するほうが多い）、それよりも、30ページで紹介したときと同じように、きっとウイルス工場は見えるだろうという確信のほうが強かった。

だから、ウイルス工場の放つ青白い光が接眼レンズを通して見えたとき、やはりちょいとした感動に打ち震えたものだった。私にはまるで、顕微鏡下で燦然《さんぜん》と輝く、美しく青き宝石のように見えたのだった。ミミウイルスの到着から二〇日ほど経った、二〇一五年七月一日のことである。

多くの視野で、多くのアカントアメーバがミミウイルスに感染し、その細胞内にウイルス工場が形成されているのが日本で確認されたのは、おそらくこれが最初であったのではないかと勝手に思っている。その時点で、国内でミミウイルスを実際に取り扱っていた研究室はなかったと思われるからだ（海外でミミウイルス研究に携わっている日本人研究者はいた）。

このときは、いってみれば適当にアカントアメーバにミミウイルスを感染させたので、実際のアメーバへの感染時間は、それぞれの細胞でバラバラだっただろう。したがって、観察できたミミウイルスのウイルス工場は、それぞれの細胞によって、さまざまなステージのものが混在した形となった。

あるものは小さく、あるものは大きく、またあるものは小さなものが複数寄り集まっている、といった状態だ。ときには図25のように、そのウイルス工場の外側に、ミミウイルス粒子と思しき、整然と並んだ多数の粒子が見えたものもあった。

そしてこの後、透過型電子顕微鏡を使ってもまた、ミミウイルスのウイルス工場の優雅な姿を、きちんと確認することができたのである。

ミミウイルスのウイルス工場――その形成

通常の透過型電子顕微鏡解析では、ミミウイルス工場は周囲の細胞質よりも比較的濃い領域として確認することができ、そのサイズは、大きいものでアカントアメーバの細胞核と同程度の大きさにまで達する（図26）。

ウイルス工場のこの濃い領域には、ＤＡＰＩで染色されることからもわかるとおり、複製されつつあるミミウイルスのＤＮＡが大量に存在するが、それ以外にも、ミミウイルスのＤＮＡを複製するためのタンパク質や、のちにミミウイルス粒子内にパッケージングされるタンパク質、なんらかの制御タンパク質（他のタンパク質などの活動をコントロールするタンパク質）が存在することがわかっている。

最近になって、ミミウイルスのウイルス工場は、アカントアメーバの細胞質内に作られてから、大きくなってミミウイルス粒子を放出する状態になるまでに、内部に含まれるタンパク質の種類が時々刻々と変化する、きわめてダイナミックな構造体であることが明らかとなった。そのようすもまた、ウイルス工場が細胞核に匹敵するほど複雑で、興味深い構造体であることを物語っているように思われる。

ここで、ミミウイルスのウイルス工場がどうできるのか、そして新しいミミウイルス粒子がどう作られるのかを概観してみよう。ミミウイルスがアカントアメーバに入り込み、ゲノムDNAを含むコアを放出するまでの話はすでに第1章（36ページ）で述べたので、そこから先の話である。

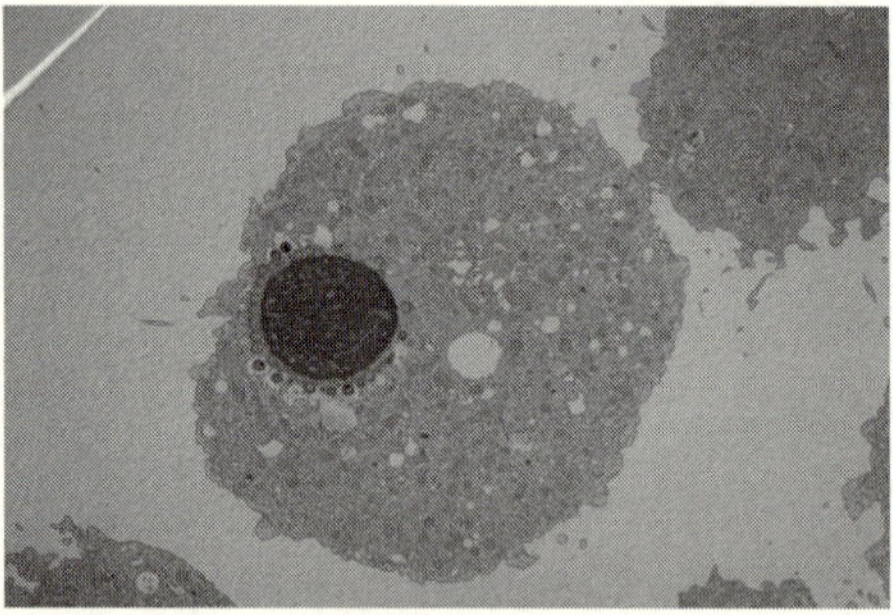

図26 ミミウイルスの初期ウイルス工場

ウイルス工場が形成され、ウイルス粒子が生産され始めた時期の電子顕微鏡像。黒い領域がウイルス工場で、その周囲にウイルス粒子ができ始めているのがわかる。
［撮影：東京理科大学武村研究室（花市電子顕微鏡技術研究所）］

アカントアメーバの細胞質中に放出されたコア。そこでいよいよ、ウイルス工場の形成がスタートする。

まず、コアの内部にあるDNAの複製が開始される。その契機となるのはミミウイルス自身のDNAポリメラーゼだが、当初からコア内部にあったものか、それともコアの放出後に初期転写・初期翻訳がアカントアメーバの細胞質で起こり、その結果作られたものなのかは定かではない。効率よく複製を行うとすれば、おそらく前者であろう（35ページ図６参照）。

複製が続くと、やがてＤＮＡはコアを蹴破ってその周囲の細胞質に漏れ出し、そこに大きなＤＮＡの塊を作り出す。同時に、メカニズムはよくわかっていないものの、その大きなＤＮＡの塊の周囲を、一時的ではあるけれども、アカントアメーバの小胞体に由来すると思われる膜成分が取り囲む。

そうしてウイルス工場は、ＤＮＡの複製の進行とその指数関数的な増大に伴って、どんどん大きく成長していくのである。

ミミウイルスのウイルス工場――その成熟

ウイルス工場がある程度の大きさに達すると、その周辺領域から新しいミミウイルス粒子を生産し始めるが、この頃にはもう、周囲を取り囲む明瞭な膜は見られない。

明瞭な膜はないものの、ウイルス工場の周囲には、膜成分の断片のようなものと、ウイルス工場周辺にあるアカントアメーバのリボソームで合成されたカプシドタンパク質が集積しているとみられる。この膜成分の断片のようなものはおそらく、ウイルス工場の成長段階で周囲を覆っていたアカントアメーバの小胞体膜に由来し、やがて新しくできるウイルス粒子内部の脂質二重膜

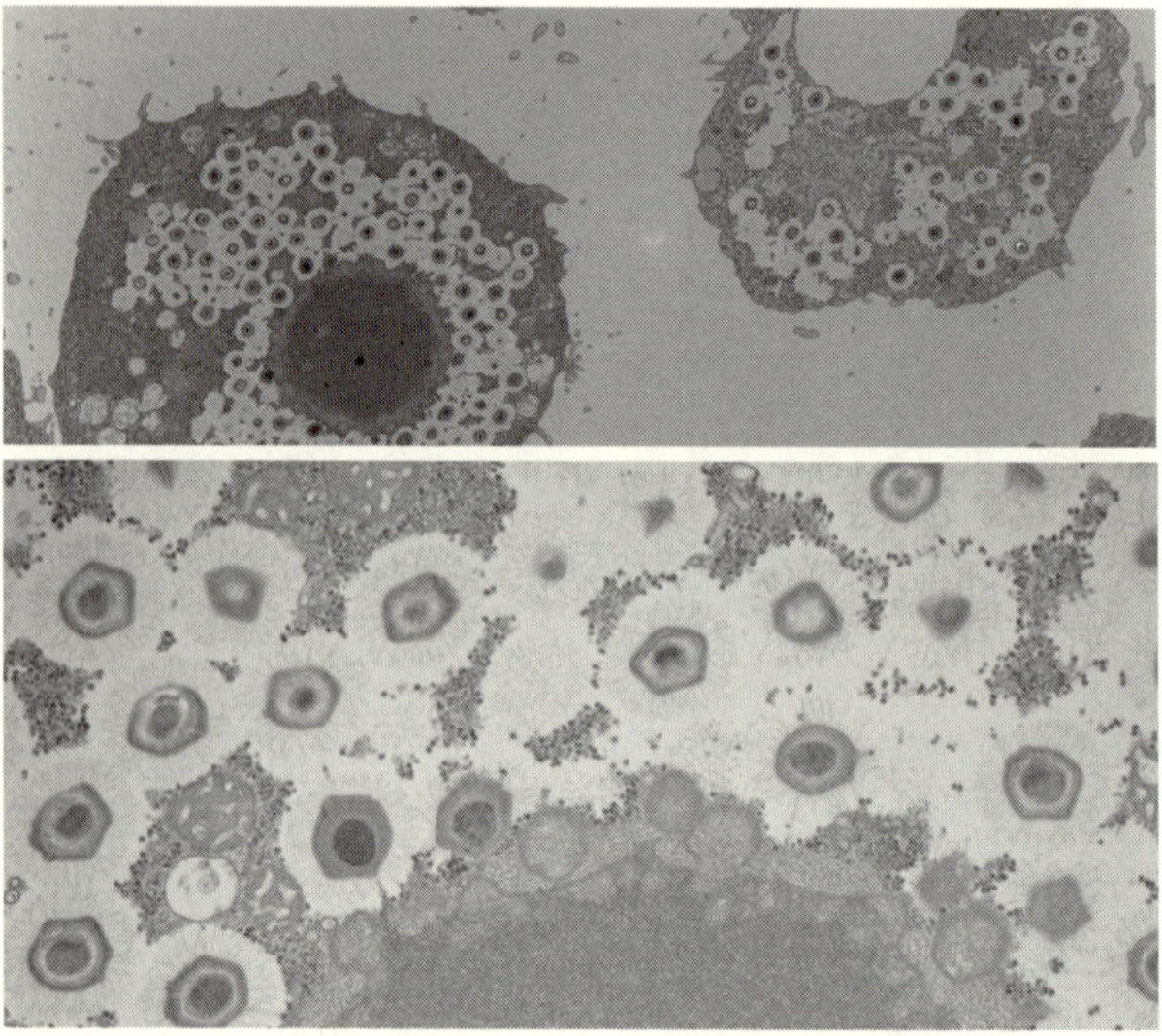

図27 さかんに粒子を作っているミミウイルスのウイルス工場

（上）生産されたウイルス粒子でアカントアメーバがパンパンになった時期の電子顕微鏡像。細胞質がミミウイルス粒子で満たされているのがわかる。

（下）その拡大像。ウイルス工場の周囲に近接して存在するカプシドの周囲は、脂質二重膜やカプシドタンパク質に満ちた層であり、そこにあるカプシド内部には、まだDNA（黒っぽく見える）が入っていないことがわかる。

［撮影：東京理科大学武村研究室（花市電子顕微鏡技術研究所）］

の材料になると考えられる（図27）。

ウイルス工場の辺縁部ではまず、やがてミミウイルスの脂質二重膜となる膜成分が、折り紙のように形作られるカプシドの内側に配置されて、DNAがまだ入っていない「空の」ミミウイルス粒子が生産される。透過型電子顕微鏡で観察すると、ウイルス工場のすぐまわりにあるウイルス粒子のうちいくつかが、中に何も入っていない空の状態であることがよくわかる（図27下）。

やがて、その空の粒子が、まるでストローで吸い上げるかのように、中央でわだかまっているDNAの海から、一ゲノム分のDNA（すでに個別に存在するのか、それともつながった状態なのか？——どういう状態になっているのかは現時点では不明である）を吸い取り、自身の内部にコアとして納めると考えられている。

この「DNAの吸い取り」プロセスは、そのようすを撮影した電顕画像が多く報告されているのでおそらく間違いない（図28）。

まず〝服〟から先に作っておいて、最後に中身を吸い取るなど、じつに生物チックな作られ方ではないか。思わず、人間の脳ミソを吸い取って食べるエイリアンが登場する映画『スターシップ・トゥルーパーズ』を思い出す。ただし、この「ストロー」の成分はよくわからないし、いかにしてきちんと、一ゲノム分のDNA

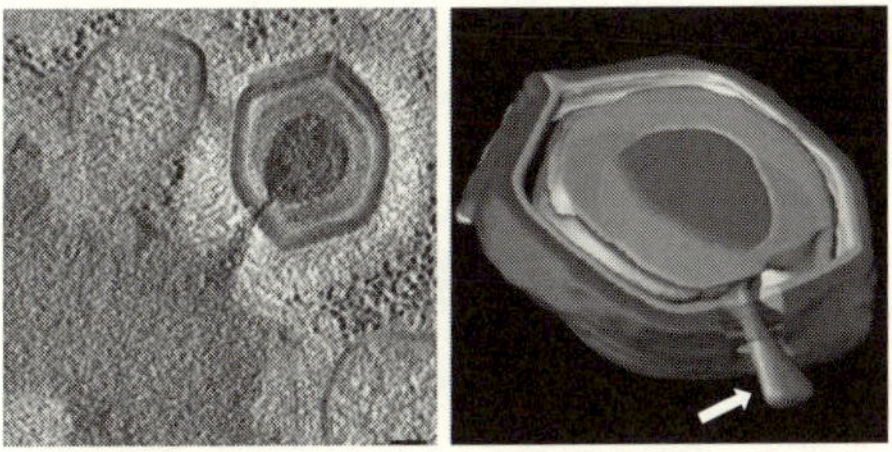

図28　ゲノムDNAをウイルス工場から吸い取るミミウイルス

（左）ゲノムを吸い取っている左下の部分は、スターゲート構造（右上の部分）とは反対側にある。その左には、組み立てられつつあるカプシドが見える。
（右）左のミミウイルス粒子を、成分ごとに色分けした図。真ん中のゲノムと、吸い取られているストロー部分（白矢印）の色は同じであり、同じ成分（DNA）がそこにあることがわかる。
[出典：Mutsafi Y et al. (2014) *Virology* 466-467, 3-14.]

だけを吸い取れるのか、その詳しいメカニズムも未解明のままである。

そして最後に、カプシド表面に無数の表面繊維が構築され、宿主の細胞質の中でミミウイルス粒子は完全に成熟する。まさに、NCLDV（核細胞質性大型DNAウイルス）としての面目躍如といったところだろう（94ページ参照）。

ミミウイルスのウイルス工場は、ミミウイルスが細胞に侵入してから二時間後あたりから形成され始め、八時間後までに細胞核と同程度の大きさにまで大きくなる。その頃にはすでにウイルス粒子の生産が始まっており、侵入後二四時間あたりまでウイルス粒子を放出し続けるようだ。

ウイルス工場と細胞核

このように、ミミウイルスの生活環のうち、最も劇的な様相を呈するのは、何といっても私たちが失礼にも「暗黒期」などと表現しているところの、「ウイルス工場におけるミミウイルス粒子の生産」時期であろう。85ページでも述べたように、黄金期、もとい「暗黒期」とは、ウイルスが最もイキイキとしている、いい、ウイルスらしい時期である。

なぜなら、新たな世代を作り出すというのは、すべての細胞性生物にとっても、その一生の目的であるとさえいえるのだから。生物と同じしくみでDNAを複製し、タンパク質を合成するウイルスにとっても、最もイキイキしているのはやはり子孫繁栄の場面であろう。……もっともミミミウイルスやマルセイユウイルスの場合は、ウイルス工場が形成される時期は誰の目から見ても「そこにある」ことが明らかだから、もはや暗黒期とはいえないかもしれないが。

宿主の細胞核と同程度の大きさにまで発達するミミウイルスのウイルス工場。それはもはや、電子顕微鏡ならずとも、通常の光学顕微鏡でも明らかに識別できるサイズである。

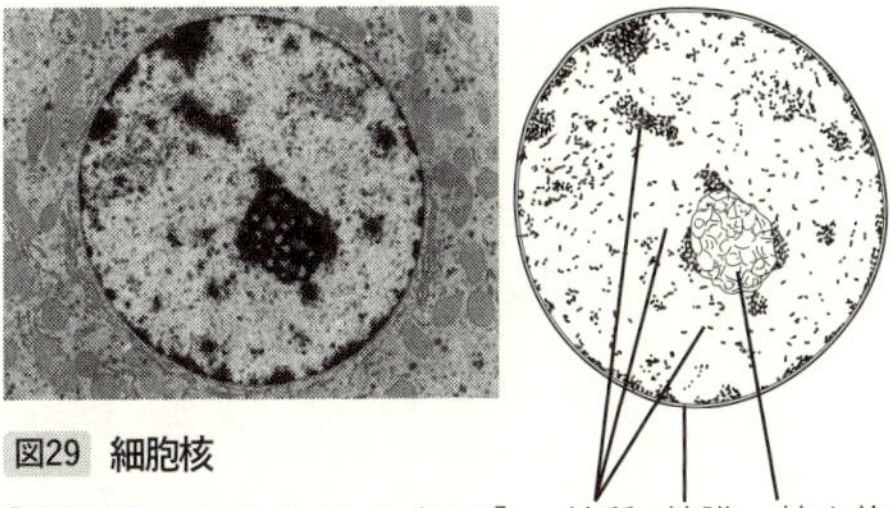

図29　細胞核
［写真：Visuals Unlimited／PPS］

ウイルス工場の内部では、ＤＮＡ複製がさかんに行われ、周辺には宿主の小胞体に由来する膜成分の断片が多数集まっている。そして、同じくその周囲には、宿主のリボソームが配置される。ウイルス工場のこうした性質は、じつは〝あるもの〟を彷彿させる。

まさに、ポックスウイルスのウイルス工場がそう形容されるもの——。真核生物、すなわちアカントアメーバや私たちヒトがその細胞内にもっている「細胞核」である（図29）。

細胞核もまた、その内部の核質に長大なゲノムＤＮＡを納めており、細胞が分裂する時期になると、さかんにＤＮＡ複製が行われる。その周辺は核膜で覆われ、さらにその周囲には核膜からつながる小胞体がたくさん集まっている。そして、リボソームはその内部ではなく、細胞核の周囲に配置される。……どうだろう？　ウイルス工場にそっくりではないか！

もちろん、この書き方は恣意《しい》的である。この部分だけをとってみると、ウイルス工場と細胞核は「ほぼ同じ」であるというイメージを読者のみなさんに与えてしまうかもしれない（それが私の戦略であるともいえるが）。しかしながら、ウイルス工場のしくみの詳細が、まだ明らかになっていないということもあるが、現時点においてウイルス工場と細胞核には、多くの違いがあることもまた確かである。

たとえばリボソームだ。

確かに、両者ともにリボソームをその内部には決して入れず、周囲に配置することになっている。いわば、「リボソームの排除」とでもいうべき状況がある。

両者で大きく異なるのは、リボソーム自体は細胞核内で作られる、ということだ。細胞核内で作られた後で、リボソームはその「生まれ故郷」から追い出されてしまうのである。これに対して、ウイルス工場内では最初から、リボソームが作られることは決してない。はたしてこの事実は、何を意味しているのだろうか？

続く第3章では、この「リボソーム」と、それが行う「翻訳」のしくみにまつわる、不思議で「不完全な」話をご紹介することにしよう。

第3章

不完全なウイルスたち

——生物から遠ざかるのか、近づくのか

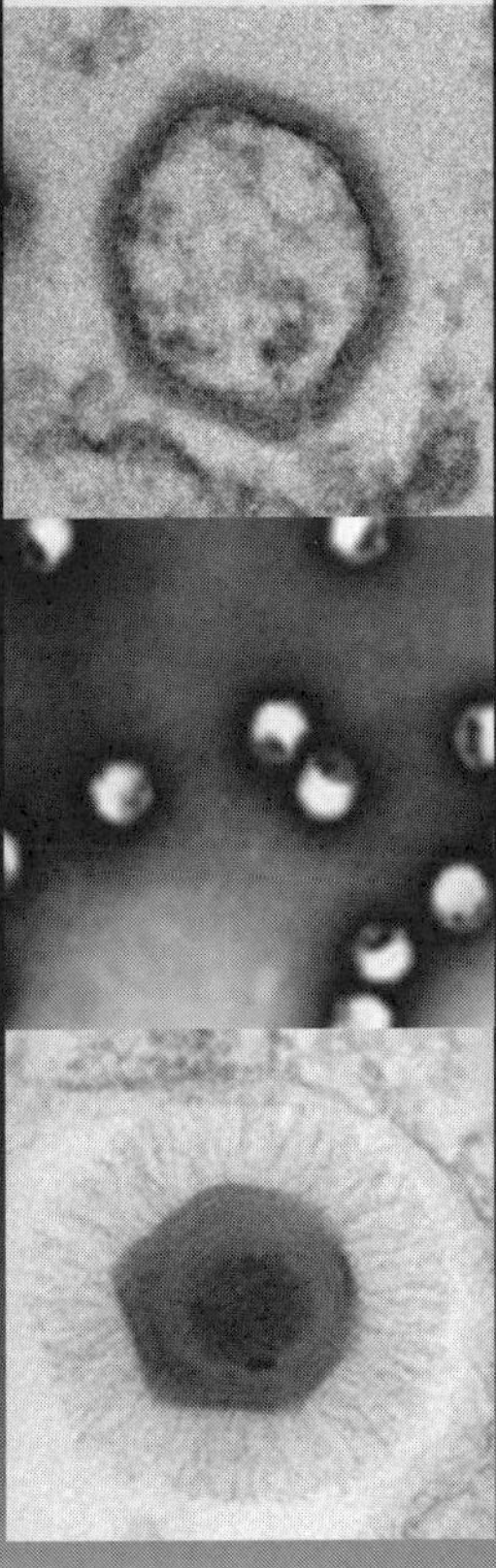

常識というものに囚《とら》われると、それ以外のものがなかなか見えてこない。なかなか見えてこないどころか、それまで常識の範疇《はんちゅう》に入っていた研究でさえ、前進が阻まれることがある。ある分野でブレークスルーをもたらした研究が、その分野外の研究者によって行われたものだったということがときどきあるが、それもまた、その研究者が「常識」に囚われていなかったから成し得たのだということなのだろう。

しかし、常識が常識として、科学者の前にエベレストのごとく聳《そび》え立ち、高い壁として立ちはだかっているからこそ、その常識を超えた新しい考え方や概念が、時として明るい光を帯びるのである。

ラ・スコラ博士たちが最初に見出したミミウイルスも、常識というものに囚われすぎた一〇年間があったればこそ、そこに今、特異な存在として生きることを許されているようにも思う。「ブラッドフォード球菌」と名づけられ、ありふれた細菌の単なる一種として片づけられていたその一〇年が、ミミウイルスにとってどのようなものであったかは「当人たち」に聞いてみなければわからない。しかし、少なくともその後の巨大ウイルス研究者たちにとってみれば、黄金の一〇年であったのかもしれない。いってみれば「潜伏期間」である。

その「潜伏期間」中に、新たな概念の創成にかかるさまざまな準備（研究者自身がそれを意図する〈ないしは自覚する〉、しないにかかわらず）があったのであれば、それはすこぶる大きな意味をもっているが、どうやら多くの生物学者にはそのような準備を行う余裕はなかったようだ。

その後、「潜伏期間」を過ぎてから迎えた、二〇〇三年から現在までの一四年間は、巨大ウイルス研究の黎明《れいめい》期である。この期間に、私たちは非常に興味深い「巨大ウイルスたちの主張」に耳を傾け、考えを深める機会を与えられた。

その機会は、巨大ウイルスに対してだけでなく、私たち細胞性生物自身についても考え直すものとなったし、今後もおそらくそうであり続けるだろう。

３－１　「区画」とリボソーム

新たな区画を作る

巨大ウイルスを扱うようになって、私は研究室内に、とある「区画」を作った。別に、ミミウイルスの真似をしてウイルス工場を作ったわけでも、タオルの生産ラインを作ったわけでもない。

インフルエンザウイルスやエボラウイルスなど、私たちヒトに病気を引き起こすウイルスに対しては、実験で取り扱ううえでいくつかの規制が存在するが、じつは巨大ウイルス自体は、現時点では実験上の規制対象になっていない。その理由は、巨大ウイルスが私たち人間に対してなん

図30　区画化されたP2実験室

（上）3坪程度の狭いP2実験室（すべてのP2実験室が狭いわけではない）。
（中）入り口のドアに貼ってある「バイオハザード」マーク。表示が義務づけられている。
（下）安全キャビネット（左手前）とオートクレーブ（右奥）。オートクレーブの左にある恒温槽（矢印）で、アカントアメーバを培養している。

らかの感染症を引き起こすという証拠がまだないからだが、発見から間もないがゆえに、それほど重要視されていないという側面もあるだろう。

しかしながら、じつは多くの巨大ウイルスたちが宿主とするアカントアメーバは、土壌中に非常にたくさんいる微生物であるにもかかわらず、扱いとしては「病原性微生物」であり、実験で取り扱ううえでの規制対象となっている。したがって、アカントアメーバを培養するためには、ある特殊な「区画」が必要となる。

特殊といっても、エボラウイルスやエイズウイルスなど「超危険」なウイルスを取り扱うために必要なほど厳重なものではなく、どの大学や研究所にもあるものだ。ただ、他の実験室からは区切られていて、内部で取り扱う微生物が決して外に出ないように工夫を凝らした実験室が、その「区画」である。

その実験室には、微生物を滅菌するための「高圧蒸気滅菌器（オートクレーブ）」と、微生物を取り扱うための「安全キャビネット」が備えつけられている。これを「Ｐ２実験室」（Ｐは「物理的封じ込め」のレベルを意味する）とよぶ（図30）。

二〇一五年初頭に巨大ウイルス研究を始めた当初、私の研究室にはＰ２実験室がなく、歩いて五分ほどの少し離れた建物にある学生実習用のＰ２実験室を使って、遺伝子組換え実験やアカントアメーバの培養、巨大ウイルスの分離実験などを行っていた。しかし、使い勝手がよくないのと、実験室間の移動がめんどうくさいこと、ラ・スコラ博士からもらった「初代」ミミウイルスとこちらで分離する巨大ウイルスとの相互コンタミ（お互いのウイルスが混ざってしまうこと）を避けるなどの理由から、ただでさえ狭い私の研究室の中に、さらに狭いＰ２実験室を作ることにしたのである。わずか三坪程度の新しいＰ２実験室は、二〇一五年の夏に完成し、現在も順調に稼働している。

この実験室は壁と天井によって覆われていて、実験者が実験材料を持ち出す場合以外には、たとえば実験室内のゴミやチリ、そしてウイルスなどが外部に出ることはない。なぜなら、この実験室は陰圧になっていて、空気はつねに、外から中へと流れるようになっているためである。そして内部の空気は「ＨＥＰＡフィルター」とよばれる特殊なフィルターを通り、微生物や巨大ウイルスを外部に出さないようにトラップしたうえで排出される。

病原性微生物を取り扱うのにこうした区画を作るのは、もちろん中で取り扱う微生物を外に出さないということもあるが、研究者以外の人を病原性微生物に近づけない、という意図もある。したがって、許可された人しか入れないし、入り口のドアには「バイオハザード」のマークがこれみよがしに貼ってある（図30中）。

あってはならない？　リボソーム

前章の末尾（110ページ）で、宿主であるアカントアメーバ細胞のリボソームは、ミミウイルスのウイルス工場内には入り込まず、まるで周辺に押しやられるように配置されることを述べた。

ポックスウイルスのウイルス工場もまた、小胞体由来の膜であたかも「細胞核を模倣するかのように」その周囲を覆ってしまう際に、宿主である細胞のリボソームを中に入《い》れず、その膜の外側に配置することが知られている。もちろんそれは、「出ていけ！」といわんばかりの積極的な措置ではなく、リボソームを表面に付着させた粗面小胞体がウイルス工場を覆う際に、ごく自然にリボソームが外側を向くように配置されるのだろう。

このようなウイルス工場のふるまいからは、あたかも、リボソームがそこにいては不都合が生じるかのように、ウイルス工場が慎重にリボソームを「排除」しているように見える。まるで、「P2実験室に余計な人間は入って来るな」といわんばかりに――。

いったいなぜ、リボソームはウイルス工場内にあってはならないのだろうか？

これらについて議論を惹起《じゃっき》し、巨大ウイルスとリボソームとの関係を解き明かしていくのが、本章ならびに最終第4章の目的であるのだが、その前にまず、「リボソーム」そのものについて復習しておかなければなるまい。

セントラルドグマ――①転写

リボソームの説明の前に、すべての生物に備わった遺伝子、すなわち「タンパク質の設計図」の本体たるDNAから、いかにしてタンパク質が合成されるのか、「セントラルドグマ」とよばれるそのメカニズムについて概観しておこう。ただし、ここでは「複製」は除く。

「遺伝子の本体がDNAである」というのは、中学校の理科の教科書で学習するポイントであるが、実質的に「遺伝子」とよばれているのは、DNAというよりもむしろ、DNAの「塩基配列」である。DNAは、A（アデニン）、T（チミン）、C（シトシン）、G（グアニン）という四種類の塩基が一見したところ不規則に長く並んでいる（その並びが塩基配列だ）物質であるといえるが、実際には、その並びは不規則ではなく、ある一定の法則に従って配列されている。

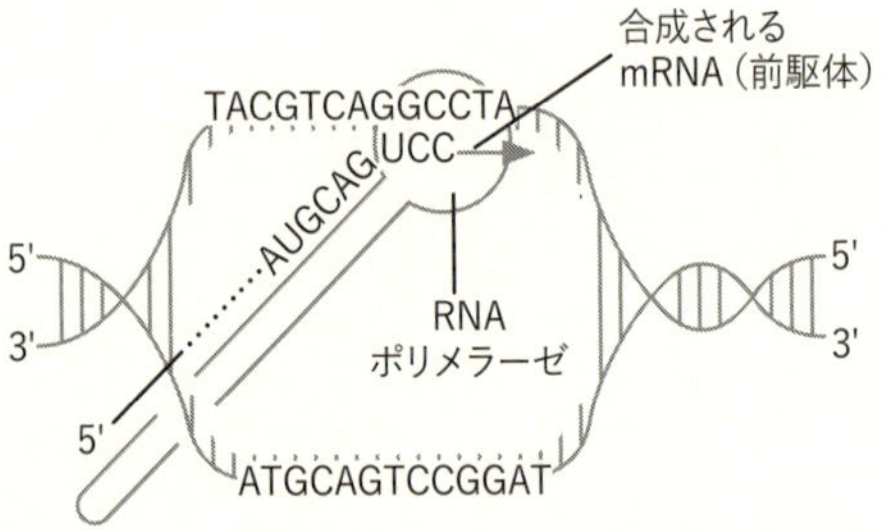

図31 転写におけるRNAポリメラーゼの役割

RNAポリメラーゼは、遺伝子（DNA）を鋳型として、mRNA（正しくは前駆体）を合成する。RNAポリメラーゼの左下に伸びているのは、RNAポリメラーゼの一部（C-terminal domain）であり、ここでスプライシング（192ページ図52参照）が起こる。

すなわち塩基配列とは、合成されるタンパク質のアミノ酸配列の情報（タンパク質は、二〇種類のアミノ酸がさまざまな順番で結合してできる）そのものであるといえる。三個の塩基の配列が一個のアミノ酸と対応しており、たとえば「ＴＣＣ」という塩基配列ならその部分は「セリン」というアミノ酸に、「ＡＴＧ」という塩基配列ならその部分は「メチオニン」というアミノ酸に、それぞれ対応している。

ただし、すべてのＤＮＡの塩基配列がこうしたアミノ酸の情報をもっているわけではない。ヒトのＤＮＡの場合、その割合は全体の一・五〜二・〇パーセント程度にすぎない。

アミノ酸に対応している塩基配列は、「タンパク質を合成する装置」であるリボソームによって読み取られ、アミノ酸がその塩基配列どおりにつなげられることで、タンパク質が作られていく。ところが、じつはリボソーム自身は、ＤＮＡの塩基配列を直接読み取ることができない。

リボソームは、ＤＮＡではなく、ＤＮＡの「姉妹分子」として知られるＲＮＡに「コピーされた」塩基配列を読み取るのである。このコピーを行うのが「ＲＮＡポリメラーゼ」とよばれる酵素だ（図31）。

つまり、ＤＮＡの塩基配列は、まずＲＮＡの塩基配列としてＲＮＡポリメラーゼによって「コピー」された後（このコピーのプロセスを「転写」という）、そうしてできた「メッセンジャーＲＮＡ（ｍＲＮＡ）」とよばれる伝令役のＲＮＡがリボソームと結合し、そこで塩基配列を読み取られることで、メッセンジャーＲＮＡの三個の塩基配列（コドンという）ごとにアミノ酸が一個ずつ、つなげられていくのである。

セントラルドグマ――②翻訳

リボソームは、リボソームＲＮＡとよばれる数本のＲＮＡと、数十種類のリボソームタンパク質から成る。すなわち、そこで作られる個別のタンパク質などからすればきわめて大きな物体である（図32）。

リボソームＲＮＡとリボソームタンパク質のどちらが重要かといえば、それはどちらも重要なのだけれども、リボソームのはたらきの観点からは、リボソームＲＮＡのほうが重要だと思われる。リボソーム全体のうち、ゆうにその三分の二がリボソームＲＮＡなのだ。だから「リボ・ソ

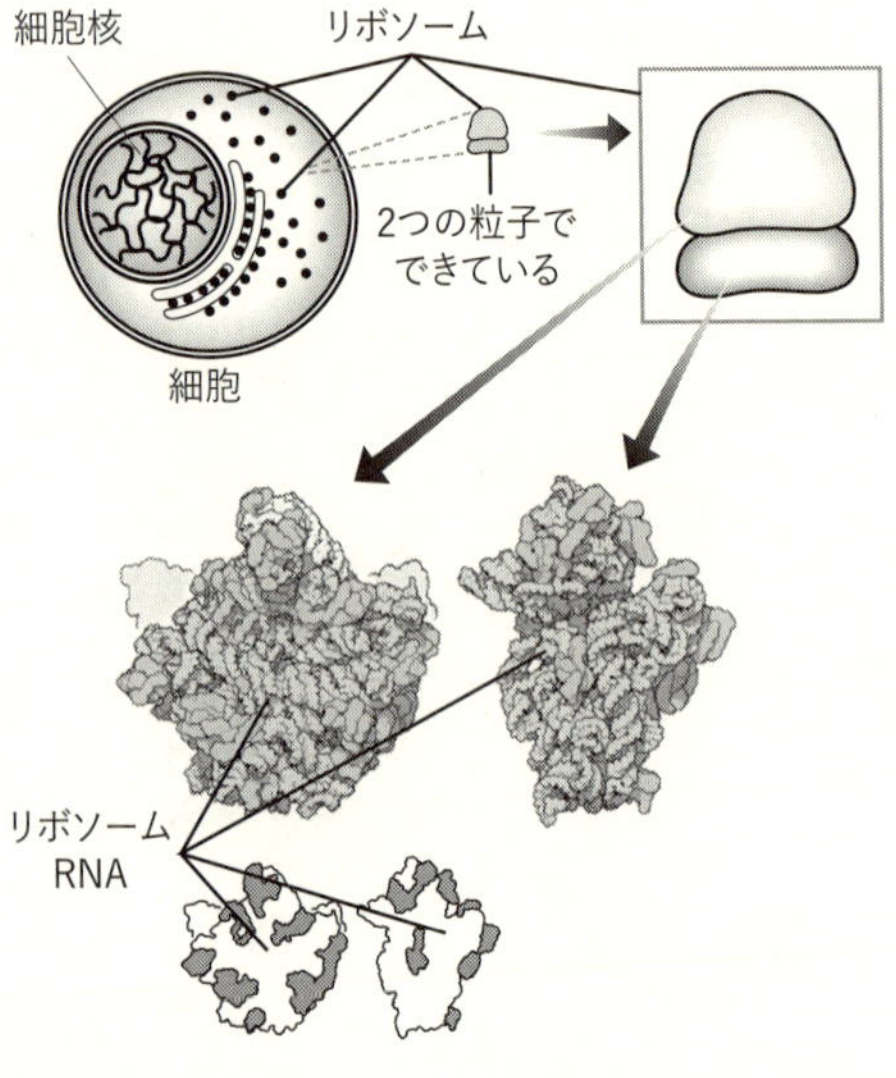

図32 リボソーム

（上）リボソームは細胞内に無数に存在する粒子で、大小2つの粒子（サブユニット）でできている。
（下）左が大サブユニット、右が小サブユニットの構造。［出典：Goodsell DS.（2000）*The Oncologist* 5, 508-509.］

ーム（ribo-some）：リボ核酸でできた粒子」などという名称でよばれるわけだ。

私はかつて、リボソームを「ハンバーガー」になぞらえたことがある。構造がそれに似ていて、ハンバーガーで説明したほうが実際の機能の説明に結びつけやすかったからである（『生命のセントラルドグマ』講談社ブルーバックス）。

リボソームは「大サブユニット」と「小サブユニット」という二個のかたまり（それぞれのかたまりが、一本から数本のリボソームRNAと数十個のリボソームタンパク質からできている）からできており、この二個が合わさって初めて、タンパク質合成装置としての機能を発揮する。その二個の「パン」が、転写されたメッセンジャーＲＮＡを、あたかも具材か何かのように挟み込むようにしてドッキングし、タンパク質を合成していく。メッセンジャーＲＮＡは、実際には「小サブユニット」に結合するだけなので、ハンバーガーのたとえにはいささか無理があるのだが、イメージとしてはそんな感じだ。

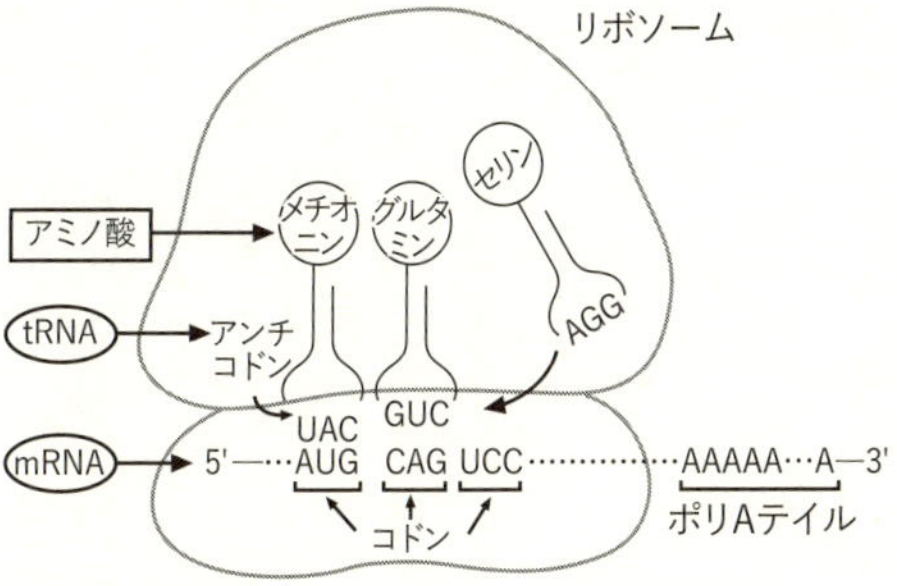

図33　翻訳におけるtRNAの役割

一方、リボソームの「大サブユニット」には、アミノ酸をつなげていく化学反応を触媒する重要なはたらきがある。アミノ酸を一個ずつリボソームまで運んでくるのは「トランスファーＲＮＡ（ｔＲＮＡ）」というＲＮＡで、大サブユニットにはそれが入り込む空間が三ヵ所ある。端から順に、メッセンジャーＲＮＡのコドンの順番どおりに、対応するアミノ酸をもったトランスファーＲＮＡがリボソームに入り込み、アミノ酸をリボソームに預け終えたらもう一方の端から出ていく、というサイクルを次から次へと繰り返し、預けられたアミノ酸を、リボソームＲＮＡがつなげていくのである。このプロセスを「翻訳」とよぶ（図33）。

転写と翻訳の両プロセスは、大腸菌からヒトにいたるまで、すべての生物がもっているしくみであり、それゆえにこそ生命の「セントラルドグマ（中心定理）」とよばれるのである。

生物にとってリボソームとは？

そんなわけだから、生物にとって、リボソームの重要さは慮《おもんぱか》るにあまりある。リボソームがなければ、タンパク質を合成することはできない。タンパク質からできていて、タンパク質を使ってさまざまな生命現象をつかさどる細胞性生物は、リボソームなしでは生きていくことができない。そもそも、細胞性生物はタンパク質からできているようなものなのだから、存在することすら許されないであろう。

したがって、どんなに小さな細菌（これ以降、本書では「バクテリア」とよぶ）でも、その細胞内に必ずリボソームをもっている。最も単純な細胞であるとされるマイコプラズマ（バクテリアの一種）は、細胞膜の中にＤＮＡとリボソームをもつ、ただそれだけの構造をしているといえるほどに単純だ。

もちろん、ＤＮＡやタンパク質の材料となる低分子物質その他、生きていくのに必要な分子はそろえたうえでの話だが、それでも、もしこれでリボソームがなければ、マイコプラズマはただそこに浮遊するだけの、脂質の膜がＤＮＡを取り囲んだ「モノ」にすぎなくなる。もはや生物とはよぶことのできない、文字どおりのただの「モノ」だ。

すべての生物にとってリボソームがきわめて大切であるということは、言い方を変えると、すべての生物がリボソームをもつということであり、すべての生物がその成分である「リボソームRNA」とその遺伝子を、そしてリボソームタンパク質とその遺伝子を、必ずそのゲノム中にもつということである。

ここで、興味深い研究をご紹介しておこう。

じつは、細胞性生物であっても、自らの力だけではリボソームを作れないものがいるのだ。キジラミの菌細胞とよばれる細胞に寄生する、カルソネラ・ルディアイ（*Candidatus Carsonella ruddii*）というバクテリアの一種である。二〇〇六年、カル

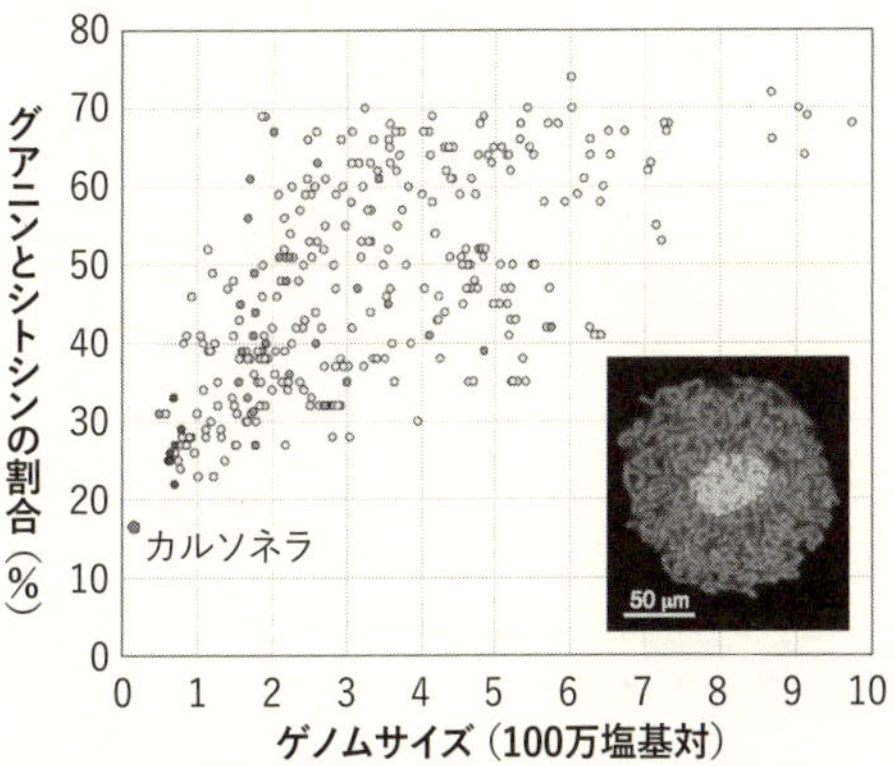

図34　寄生性生物カルソネラ・ルディアイのゲノム

他の原核生物と比較した、カルソネラ・ルディアイのゲノムの小ささを表す図である。横軸がゲノム（染色体）サイズを表し、縦軸はゲノム中のグアニンとシトシンの割合を表している。右下の写真は、カルソネラ・ルディアイ（焼きそばのように見える無数のもの）が宿主に感染しているようす。中央の光った部分は、宿主細胞のDNA。
［出典：Nakabachi A. et al.（2006）*Science* 314, 267.より改変］

ソネラ・ルディアイはゲノムサイズがたったの一六万塩基対しかなく（マルセイユウイルスよりも小さい）、遺伝子数も一八二個しかないことがわかり、現在、最も単純で最も小さな細胞性生物の一つであると考えられている（図34）。

このバクテリアは、リボソームの重要な成分であるリボソームRNA遺伝子はきちんともっているのだが、リボソームの構造や翻訳に重要な役割をはたす遺伝子のいくつかをもっていない。すなわち、このバクテリアは、自力では完全なリボソームを作ることができず、翻訳のすべてを遂行することができない細胞性生物なのである。

だからこそカルソネラ・ルディアイは、他の細胞（キジラミの菌細胞）に寄生しなければ生きていけないのだ。いってみれば、区画を作るどころか、細胞そのものからリボソームを「排除」してしまったような存在であるといえよう。

3-2 リボソームRNAと翻訳システム

生物分類の変遷

さて、カルソネラ・ルディアイですら（といったら彼らに怒られるかもしれないが）もっている遺伝子が、リボソームRNA遺伝子である。

先述したように、リボソームＲＮＡはリボソームの重要な構成成分であり、しかもその機能の中心を担うものなのだから、その遺伝子はきわめて重要である。私たちのような真核生物は、まるで念のためであるかのように、それぞれのリボソームＲＮＡ遺伝子を複数個もっているほどだ。

生物全般にとってだけでなく、リボソームＲＮＡ遺伝子は、私たち研究者にとってもまた、生物に関する研究において重要なツールでもある。現代生物学では、とりわけ生物の系統・分類に関する学問分野は、じつにこのリボソームＲＮＡ遺伝子の存在に負うところが非常に大きい。

かつての生物の分類では、まずすべての生物を五つの界（kingdom）に分けていた。モネラ界、原生生物界、菌界、動物界、植物界の五つである。モネラ界という聞きなれない名前を除けば（原核生物界ともいう。そのほうがわかりやすい）、原生生物、菌（カビやキノコなど）、動物、植物と、誰にもなじみ深い名前が並ぶ分類だ。

この「五界説」は、生物の栄養摂取の方法を基準として、一九六九年に生物学者ロバート・ホイタッカー（一九二〇〜一九八〇年）によって提唱されたもので、生物の見た目と整合性があり、わかりやすい分類であったために、長らく生物分類の基本とされてきた。しかしじつのところ、たとえば原生生物界などは、真核生物のうち植物、動物、菌に分類されなかったものが押し込められた「雑多な分類」にすぎないなど、ＤＮＡを中心とした現在の知見に立てば、決して適切な分類方法ではなかった（図35上）。

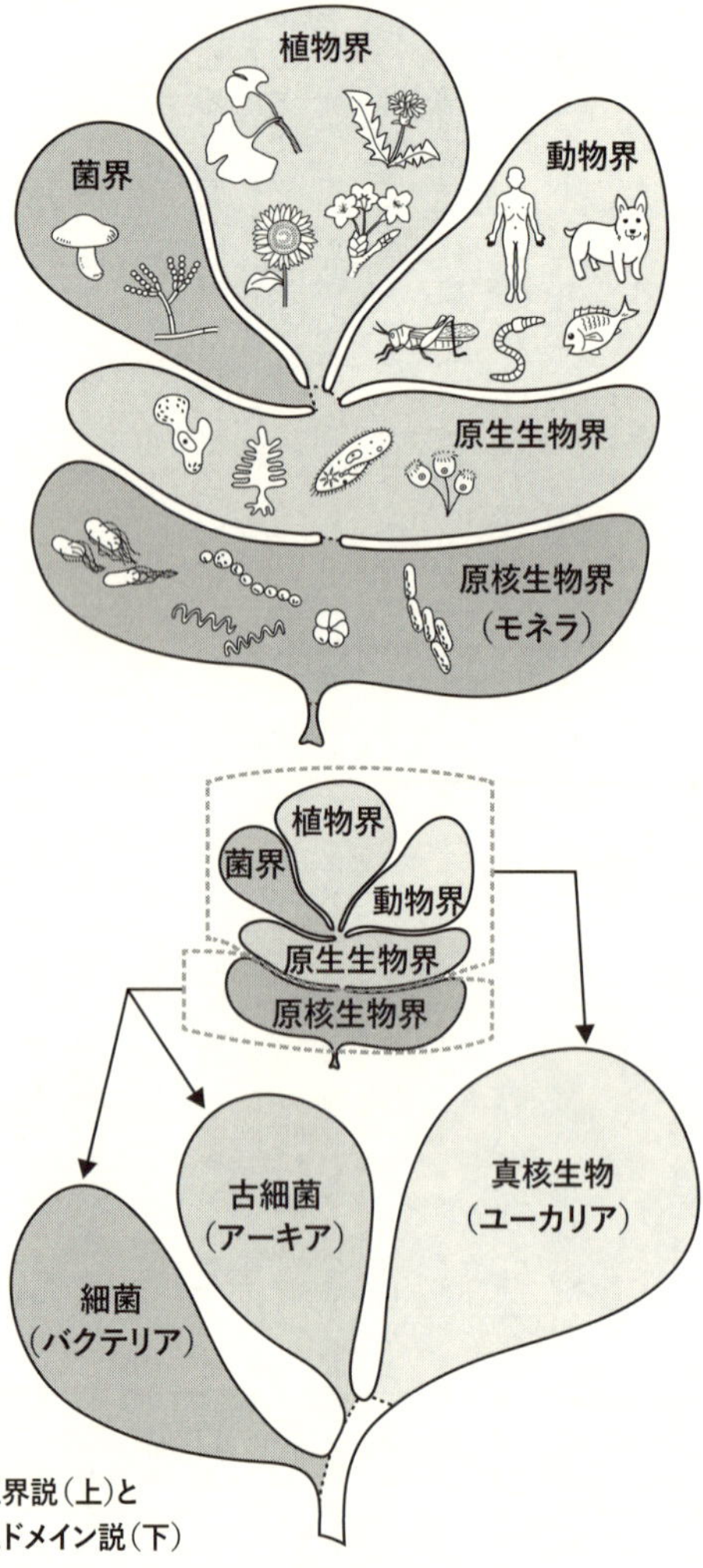

図35　五界説（上）と三ドメイン説（下）

三ドメイン説では、五界説における原核生物界をバクテリアとアーキアに分け、ほかの4つの界は真核生物としてくくっている。

一九七七年に、同じ原核生物でありながら、それまでに知られていたバクテリア（真正細菌：ユーバクテリアと当時はよばれていた）と大きく性質の異なる生物として、「古細菌」という生物の概念が生物学者カール・ウーズ（一九二八～二〇一二年）によって提唱され、「アーキバクテリア」と命名された。現在では「アーキア」とよばれるアーキバクテリアには、それ以前のバクテリアとは異なり、メタン生成古細菌、超好熱古細菌など、いわば特殊な環境に生息するものが多い。原始地球の大気組成とそこに暮らしていたであろう生物を彷彿させることから、「アーキ（始原的な）バクテリア」と命名され、それが日本語に訳されて「古細菌」となったのである。

ところが後になって、古細菌がじつは、バクテリアよりも私たち真核生物に系統的に近いことが判明した。そのため、「アーキバクテリア」から「バクテリア」の文字が削除されて、英語では「アーキア」とよばれるようになった。日本語はそれに追いついておらず、いまだ「古細菌」という言葉が使われているが、本書ではこれ以降、「アーキア」とよぶことにしよう。

そして、このアーキアの存在を受けて一九九〇年、ウーズは、それまでよく使われていた生物の分類方法を見直し、リボソームRNA遺伝子を基準とした、新たな分類法を提案したのである。

「三ドメイン説」の登場

先ほども述べたように、リボソームを形作るリボソームRNAには複数の種類がある。それは、それぞれのリボソームRNAに特有の、「沈降係数（S）」とよばれる、遠心分離をした際にチューブの中をどれだけ沈んでいくかを数値化したものを頭に冠して、「16SリボソームRNA」「23SリボソームRNA」「5SリボソームRNA」などとよばれる。

こうしたリボソームRNAのうち、生物の系統分類によく用いられるのが「16SリボソームRNA」遺伝子である。ただし、これは原核生物のものであって、真核生物でこれに該当するのは「18SリボソームRNA」である。

16SリボソームRNAは、すべての原核生物が保有するリボソームRNAであり、一部の例外を除いて、その遺伝子は自身のゲノムにある。18SリボソームRNAは、すべての真核生物が保有するリボソームRNAであり、その遺伝子ももちろん、ゲノム中にある。これらリボソームRNAは、ともにリボソームの小サブユニットの重要な構成成分であり、メッセンジャーRNAとともに、正確なトランスファーRNAの呼び込みに重要な役割をはたしている（121ページ図33参照）。

ウーズは、16SリボソームRNAならびに18SリボソームRNA遺伝子の塩基配列の「近さ・遠さ」からすべての生物を分類する、新たな提案を行った。すなわち、塩基配列が近ければ近いほどその生物同士は系統が近く、反対に塩基配列の違いが多ければ多いほど、その生物同士は系統が遠い、と判断するわけだ。

ではなぜ、リボソームRNAを基準にしたのかというと、①すべての生物に存在すること、②すべての生物で機能が同じであること、そして③進化速度が比較的遅いことから、生物界全体を見渡したときの生物の系統解析に適していたためである。そうして一九九〇年に提案されたのが、生物の世界を三つの「超界（ドメイン）」に分類する「三ドメイン説」だ（図35下）。

三ドメインとは、細菌（バクテリア）、古細菌（アーキア）、そして真核生物（ユーカリア）の三つを指す（先ほども紹介したように、ウーズによる最初の提唱では、細菌は真正細菌〈ユーバクテリア〉、古細菌はアーキバクテリアとよばれていた）。

すべての生物はリボソームをもち、すべての生物は16S（もしくは18S）リボソームRNAをもつ。したがって、たとえば新たな原核生物が見つかったときなどに、それがもつ16SリボソームRNA遺伝子の塩基配列を調べ、系統関係を明らかにすれば、その生物がバクテリアなのかアーキアなのかが判別できるのだ。

さらに、バクテリアのうちどの分類群（界、門、綱、目、科、属）に属するものなのか、アーキアのうちどの分類群に属するものなのか、はたまたまったく新しい分類群に属すべきものなのかがわかる。もちろん、真核生物でも同様である。

ただし先ほど述べたように、この遺伝子は進化速度が比較的遅いために生物の系統解析に適しているのであって、16S（もしくは18S）リボソームRNA遺伝子の違いが、ゲノム全体の違いをそのまま表しているわけではないことは、一言申し添えておく。

16SリボソームRNAは語る

というわけだから、何か新しい微生物が見つかると、まずはその16S（もしくは18S）リボソームRNA遺伝子が調べられることが多く、はたして「初代」ミミウイルスの場合もそうであった。ブラッドフォードの冷却塔から分離されたミミウイルスは、すでに述べたように、当初はバクテリアの一種だと考えられて「ブラッドフォード球菌」と名づけられていた。発見直後からオーソドックスに、16SリボソームRNAの塩基配列が調べられることになったが、それがなかなか見つからない。ありていにいえば「なかった」のである（26ページ参照）。

およそ生物とされるもので、リボソームRNAをもたないものなど存在しないはずなのに、「ブラッドフォード球菌」には存在しなかった。そりゃそうでしょうね、ウイルスだったんだから。

もちろん、ブラッドフォード球菌がじつはウイルスだと判明したのには、27ページでも詳しく紹介したように、「暗黒期」があったからとか、粒子の形が正二〇面体をしていたからとか、他にもさまざまな要因があった。しかし、なんといっても決定的だったのは、16SリボソームRNAが、そしてそれ以外のリボソームRNA遺伝子が「存在しなかった」という事実が大きい。

それは〝悪魔の証明〟なんじゃないか。「ない」ことは証明できないんじゃないか、と考える読者もおられるかもしれない。しかし、ブラッドフォード球菌（「初代」ミミウイルス）のゲノムをすべて解読しても見つからなかったのだから、これはもう「ない」と断じてもよいのだ。ゲノム解析というのは、「ない」ことを証明できる数少ない解析の一つであるともいえる。

ミミウイルスのゲノム解析論文が発表されたのは二〇〇四年で、ミミウイルス発見を報じた二〇〇三年の論文の翌年だったが、最初の論文ですでに、ブラッドフォード球菌がじつはウイルスであったと断じることに、特に問題はなかったであろう。

リボソームRNA遺伝子をぞんざいに扱う（？）生物

ところで最近、生物の中には、リボソームRNA遺伝子の扱いに関して、「え、そんなんでいいの？」と思わず叫んでしまうようなものがいることがわかった。

私たち真核生物の細胞には、染色体として存在するゲノム（メインのゲノム、とここではよぼう）しかないが（ミトコンドリアや葉緑体のDNAは別として）、原核生物には、メインのゲノム以外に「プラスミド」とよばれる小さな環状DNAをもつものがいる。

二〇一五年、東北大学の研究グループが、リボソームRNA遺伝子をメインのゲノムではなく、プラスミドにもつ新しいバクテリア（オーレイモナス属）を分離することに成功したのである。しかもそのプラスミドは、そのバクテリアがもつ数種類のプラスミドのうち最も小さなものであり、さらに、そのプラスミドに存在するのはリボソームRNA遺伝子だけだった。

プラスミドというのは、メインのゲノムとは異なり、細胞が分裂するにあたり、均等にコピーされる保証がない。ほとんどの場合、ゲノムとは独立して複製され、きちんと子細胞に受け継がれるのだが、ときには抜け落ちたりすることもある。したがって、プラスミドには通常、バクテリアの生息に必須な遺伝子は存在せず、薬剤耐性遺伝子や制限酵素遺伝子（バクテリアに感染するウイルスであるバクテリオファージのDNAを切断したりする酵素の遺伝子）など、「何かのときに役に立つ」タイプの遺伝子が存在するのみである。

リボソームは生物にとってきわめて重要であるから、その主要成分の遺伝子であるリボソームRNA遺伝子は、必ずメインのゲノム（染色体）に存在することが当たり前だったのだが……。

そのような、いってみれば〝不安定な〟プラスミドに、生物の生物たる前提でもあるリボソームの、しかも最も重要な部品であるリボソームRNA遺伝子を任せてしまってはたしてよいのか。オーレイモナス属は、思わずそう疑ってしまうような生物なのだ。

まあプラスミド自体は、一個のバクテリア細胞の中にたくさんのコピーが存在することがほとんどなので、それほど気にしなくてもよいのかもしれない。少なくとも彼ら（オーレイモナス属）は、気にしていないようだ。むしろそうすることで、進化上何か有利になる要素があったのだろう。いずれにせよきわめて興味深い事例であり、今後の研究の進展が非常に楽しみである。

「そのしくみ」を手にした者たち——「感染」の正体

話を元に戻そう。

ウイルスにはリボソームＲＮＡ遺伝子がなく、したがってリボソームがない。当然、リボソームを作るのに必要なリボソームタンパク質の遺伝子もない。少なくとも現在までは、それが常識であった。ウイルスにはなぜ、タンパク質合成装置であるリボソームがないのか。ウイルスはタンパク質を必要としない、ということなのか。

いやいや、そんなことはない。ウイルスにリボソームが存在しないからといって、彼らがタンパク質を必要としていないわけではない。なぜなら彼ら自身が、「カプシド」とよばれるタンパク質でできた殻を身にまとっているし、自らのＤＮＡをきちんと納めておくための「整理整頓」用のタンパク質（たとえば、マルセイユウイルスがもつヒストンなどは、私たち真核生物ももっている）を使っているからだ。さらには、自らのＤＮＡを複製するための酵素タンパク質ももっている。

ウイルスもまた、私たち細胞性生物と同様に、タンパク質を必要とし、その維持や増殖のためにタンパク質を用いている。だから、「リボソームが存在しない」というのは、少なくとも細胞性生物にとってはあるべからざる状況であるし、ウイルスにとってもそうであるに違いないのだが、それでも現在のところ、ウイルスはリボソームなしでやっていけている。

なぜなのか?

いうまでもなくウイルスは、自らのリボソームがなくても、〝アカの他人〟である細胞性生物のリボソームを利用できるしくみを、きちんともっているからである。ウイルスたちは、自らのリボソームをもたない代わりに、細胞性生物の身中に巧みに潜り込むしくみを手に入れ、さらにそのリボソームを利用して、自らに必要なタンパク質を作り出すしくみを手に入れた。そのしくみこそ、私たち宿主の側から見れば、「感染」という現象として具現化しているものである。

ここでもまた、「恣意的な」言い方をしてしまった。ウイルスたちが「しくみを手に入れた」のではなく、ウイルスというのは、そうしたしくみを「結果的に手にした者たち」であるといえる。

ウイルスがどのようにして進化してきたかについては、まだまだ謎のほうが多いわけだけれども、ウイルスと生物との間のなんらかの相互作用の結果として、ウイルスはリボソームを自らもたなくても、細胞性生物のリボソームを利用できるように進化してきたことは間違いない。

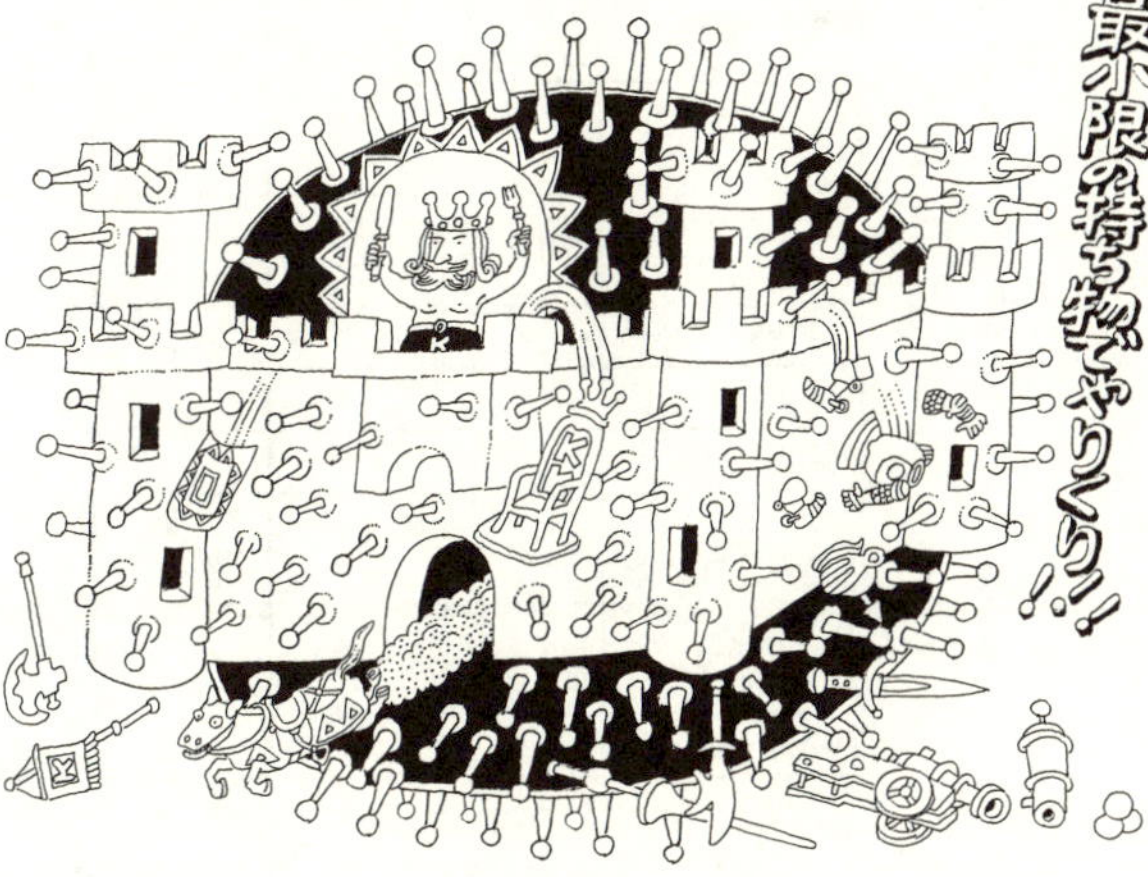

擬人的に考えることをお許しいただければ、リボソームが存在しないとタンパク質が作れないのだから、もうそれだけで自立した生物としては「終わり」である。ウイルスがもしウイルスであったとすれば、リボソームを失うだけで十分だったはずだ。しかしウイルスは、それだけでは満足せず、リボソーム以外にもさまざまなものをもたないという選択をしたのである。

ウイルスはミニマリスト？

というのも、ウイルスはリボソームＲＮＡやリボソームだけではなく、リボソームが行う翻訳に必要な、その他多くの遺伝子ももっていないのだ。

翻訳に必要なその他多くの遺伝子とは、どのようなものだろうか？

翻訳用遺伝子	一般的なウイルス	クロレラウイルス	ミミウイルス	生物
tRNA	×	○（部分的）	○（部分的）	○
タンパク質修飾因子	×	○	○	○
翻訳開始因子	×	×	○	○
翻訳伸長因子	×	○	×	○
翻訳終結因子	×	×	×	○
アミノアシルtRNA合成酵素	×	×	○（部分的）	○
リボソームタンパク質	×	×	×	○
リボソームRNA	×	×	×	○

表4　各種翻訳用遺伝子（抜粋）の保有状況

たとえば、アミノ酸をリボソームにまで運んでくる「トランスファーＲＮＡ」の遺伝子というものがある。メッセンジャーＲＮＡ、トランスファーＲＮＡ、リボソームＲＮＡという、高校生物の教科書にも出てくる〝有名人〟たち（「ＲＮＡ御三家」と私はよんでいる）の一つだ。リボソームと同様、トランスファーＲＮＡがなければ翻訳作業はできないので、これもまたすべての生物がもっている。そして、原則として、ウイルスはこの遺伝子をもっていない。

次に、「アミノアシルｔＲＮＡ合成酵素」遺伝子がある。この遺伝子は、トランスファーＲＮＡにアミノ酸を結合させる酵素の遺伝子で、やはり翻訳作業に欠かすことができない。すべての生物がもっており、原則としてウイルスはもっていない。

他にも、リボソームでアミノ酸がつながっていく過程で補助的な役割をする「翻訳開始因子」

遺伝子、「翻訳伸長因子」遺伝子、そして「翻訳終結因子」遺伝子などといった、リボソームが翻訳作業を行い、メッセンジャーＲＮＡの指定どおりのきちんとしたタンパク質を作るために重要な遺伝子がある。これらはすべて、私たち細胞性生物にとって欠くべからざるきわめて重要な遺伝子ばかりである。繰り返すが、原則として、ウイルスはこれらをもっていない。ウイルスはあたかも、最近はやりの「ミニマリスト」のようだ。

その代わりにウイルスたちは、宿主である細胞性生物が保有するこれらの〝持ち物〟を用いることで翻訳作業を行い、自らのタンパク質を合成するのである。

徹底しているといえば小気味よいが、はたしてこれは、どのような進化の結果なのだろうか？ウイルスたちは、それを進化の過程で「失くしてきた」のだろうか、それとも「もともともっていなかった」のか。はたまた、「これから獲得しようとしている」のだろうか？

一部の巨大ウイルスが一部の翻訳用遺伝子をもっていることは、もしかしたらこれらに対する解答を示してくれているのかもしれない（表４）。次節以降で詳しく述べよう。

3-3 「不完全」なウイルスたち

クロレラウイルスの発見

広島大学の川上襄《のぼる》博士（一九二六〜一九八〇年）が一九七八年、広島大学植物園の池の中から発見した「クロレラウイルス（クロロウイルス）」というウイルスがいる。このウイルスは、ミドリゾウリムシという ゾウリムシに共生する緑藻類クロレラに感染するウイルスである。

翌七九年には、ネブラスカ大学のジェームズ・ファン・エッテン博士により、グリーンヒドラという原生生物に共生するクロレラから、やはりクロレラウイルスが発見・分離され、その後もクロレラウイルスの「仲間たち」が各地から分離されてきた。

現在、クロレラウイルスの中で代表的なのは「*Paramecium bursaria chlorella virus*（PBCV）」とよばれるもので、一九八二年、同じくファン・エッテン博士によって分離されたものである。これが、67ページで比較的ゲノムサイズが大きいとご紹介したクロレラウイルスだ。さらに、広島大学の山田隆教授らは、日本の他の地方からもクロレラウイルスを分離しており、京都で分離されたクロレラウイルスは「CVK（*Chlorella virus isolated in Kyoto*）」と名づけられている。

クロレラウイルスは大型の正二〇面体型DNAウイルスで、ポックスウイルスなどと同じく、

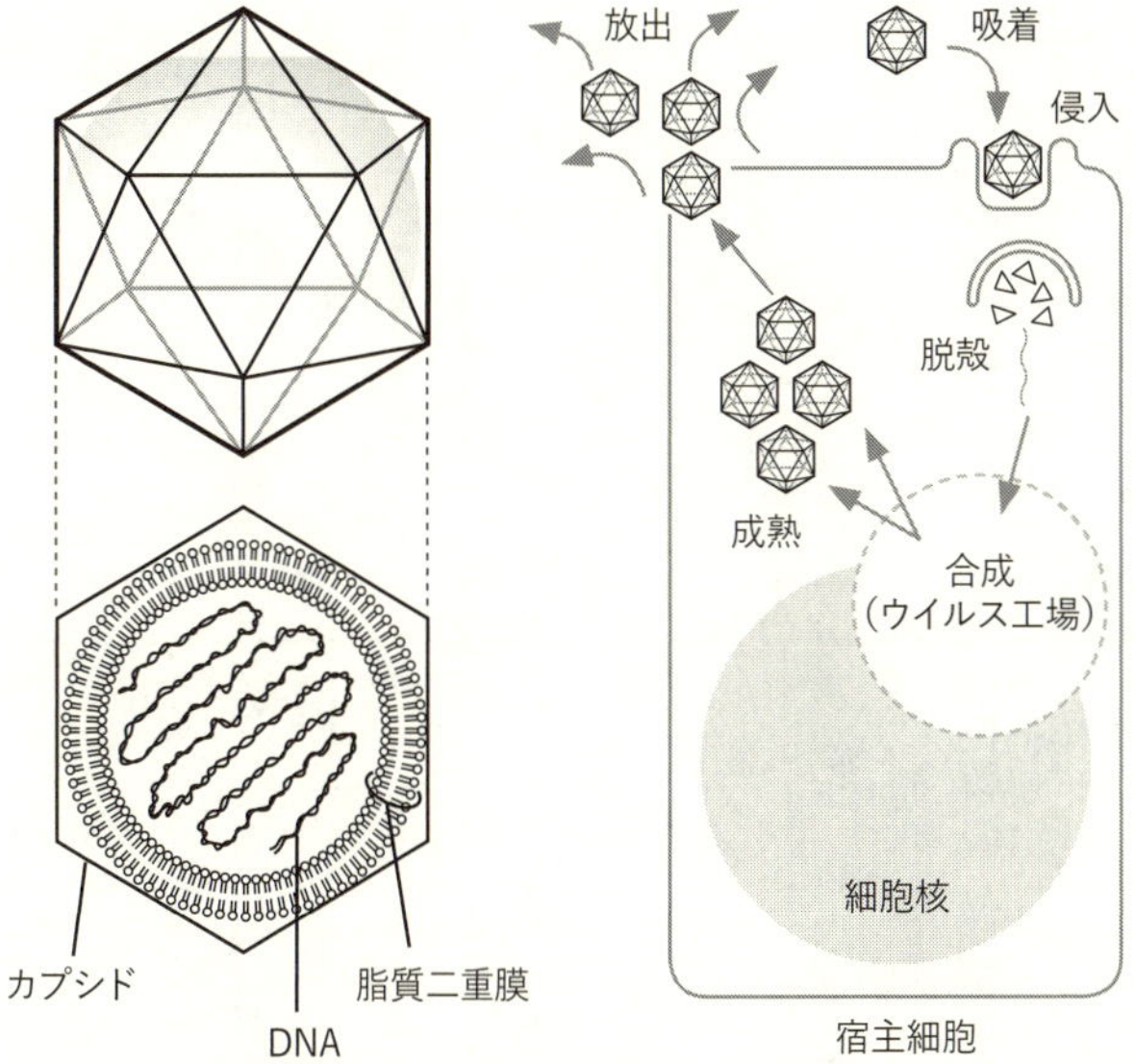

図36　NCLDVの特徴

（左）NCLDVの基本形。DNAを脂質二重膜が包み込み、その外側をカプシドが覆っている。（右）NCLDVの生活環。脱殻後、放出されたゲノムDNAは、細胞質もしくは細胞核内でウイルス工場を形成し、そこでDNAの複製、転写が起こる。ウイルス工場内もしくはそこから飛び出す際にカプシドが形成され、粒子は宿主の細胞質中で成熟する。

「NCLDV（核細胞質性大型DNAウイルス）」とよばれる一群のウイルスに分類される。これまでに何度か、このNCLDVという名前が登場してきたが、ここで改めて、このウイルスの特徴を述べておこう（図36）。

インフルエンザウイルスは、細胞に侵入した後、脱殻し、細胞質で自らのRNAを複製し、それをカプシドで包んだのちに、細胞から飛び出す際に粒子が作られる（82

ページ図18参照）。つまり、細胞膜を内側からずずっと持ち上げるようにして飛び出し、その細胞膜を自らのエンベロープとするのである。

ところがＮＣＬＤＶは、こうしたウイルスとは異なり、成熟した粒子が宿主の細胞中で作られる。ＮＣＬＤＶは、「宿主の細胞核や細胞質でＤＮＡを複製し、細胞質で成熟粒子を形成する大型ＤＮＡウイルス」というふうに説明される。つまり細胞の中にいるときに、すべての粒子の複製・成熟が完成するウイルスなのだ。したがって彼らは、インフルエンザウイルスのようなウイルスが細胞から飛び出すときに獲得する、細胞膜と同じ成分からなる「エンベロープ」を、通常はもたない。その代わりといってはなんだが、粒子（カプシド）の内部に、細胞膜と同じ成分からなる脂質二重膜をもっている（図36左）。

巨大ウイルスの「はしり」

いうなればＮＣＬＤＶは、内側から「ＤＮＡ→脂質二重膜→カプシド」という順番でウイルス粒子が構成されていることになり、脂質二重膜という柔軟性の高い物質でＤＮＡが覆われることで、必然的にそのゲノムサイズが比較的大きくなり、さらにカプシドを構成するタンパク質の数も多くなり、粒子径が大きくなる傾向にある。

カプシドを構成するタンパク質の数が多くなった結果、ウイルスに特有のきっちりとした正二

○面体をとらなくてもよくなり、ときには丸みを帯びたカプシドになったりすることもある。したがって、こうした大型のウイルスの形態は、理論的には正二〇面体なのだけれども、構成するタンパク質同士の境界があいまいとなり、丸みを帯びたりする。このようなウイルスの形を「偽《ぎ》正二〇面体（pseudoicosahedral）」という。

さてクロレラウイルスは、じつにこの「ＮＣＬＤＶ」という分類群が作られるきっかけとなったウイルスであるといえる。そのゲノムサイズは、ＰＢＣＶにおいておよそ三七万塩基対と、それ以前では最もゲノムサイズが大きかったポックスウイルスを上回るゲノムをもつことが明らかとなり、かつ粒子径も一九〇ナノメートル程度とポックスウイルスと比べても遜色ない大きさである。

いうなれば、クロレラウイルスは「巨大ウイルスのはしり」的な存在なのだ。

そして、このような特徴をもつクロレラウイルスの発見をきっかけとして、「フィコドナウイルス科（*Phycodnaviridae*）」という分類群が設定され、のちにその仲間として「ポックスウイルス科（*Poxviridae*）」「イリドウイルス科（*Iridoviridae*）」「アスコウイルス科（*Ascoviridae*）」「アスファウイルス科（*Asfarviridae*）」などが加わって、「ＮＣＬＤＶ」という巨大な分類群が構築されたのである。

図37　tRNAの構造

クロレラウイルスとｔＲＮＡ

先ほど、ウイルスには翻訳用遺伝子が存在しないという話をした。そのうちの一つが「トランスファーＲＮＡ（ｔＲＮＡ）」であり（図37）、原則として、ウイルスはこの遺伝子をもっていないとも述べた。なぜ「原則として」などという官僚的な言い方をしたのかといえば、じつはクロレラウイルスには、このトランスファーＲＮＡ遺伝子があるからである（136ページ表4参照）。言い換えると、クロレラウイルスにおいて初めて、ウイルスに「トランスファーＲＮＡ」遺伝子が見つかったということである。

新たな遺伝子をもっていることが明らかになること自体は、別段驚くには値しない。ゲノムサイズが大きければ、それにつれてもっている遺伝子の数も多くなる傾向にあるから、従来のウイルスに存在しなかった遺伝子がクロレラウイルスから発見されるのは、いうなれば「当たり前」のことかもしれない。

だが、それが翻訳に関わる遺伝子となると、話は別だ。

ＤＮＡ（もしくはＲＮＡ）の「複製」に関わる遺伝子は、なにしろゲノムという非常に大切な設計図を複製する遺伝子だから、とにかくほとんどのＤＮＡウイルス、ＲＮＡウイルスがもっている。さらに「転写」に関わる遺伝子も、細胞に感染した直後から、ウイルス粒子の本格的生産のための遺伝子の「初期転写」を行う必要性から、多くのウイルスが自分でもっている。

しかし、複製と転写が細胞核に依存しなければならないのに対して、「翻訳」は細胞質のリボソームを利用すればいいわけだから、細胞のしくみを利用するだけで事足りる。細胞核にまで潜り込んでいく必要がないのである。だからこそ、ほとんどのウイルスに翻訳用の遺伝子は存在しないのだ。

それにもかかわらず、クロレラウイルス（PBCV）は、わざわざそのゲノムに、トランスファーRNA遺伝子を一一個も保有していた——。

理論的に考えれば、たとえクロレラウイルスがリボソームをもっていたと仮定しても、一一個のトランスファーRNA遺伝子だけでは、翻訳を行うことはできない。タンパク質の材料となるアミノ酸は二〇種類あるわけで、それぞれのトランスファーRNAは一種類のアミノ酸にしか対応しておらず、トランスファーRNAもまた最低二〇種類必要だからである。

しかも生物には、コドン（121ページ図33参照）が縮重《しゅくじゅう》している（複数のコドンが一種類のアミノ酸を指定している）ため、二〇種類以上のトランスファーRNAが存在する（ちなみにヒトの場合は四九種類）。したがって、一一種類のトランスファーRNAだけではとうてい、タンパク質を合成することはできない（もちろん、この一一種類に対応するアミノ酸だけからなるタンパク質があり、クロレラウイルスがそれだけで生きられるのであれば話は別だ）。

実際、クロレラウイルスで見つかったトランスファーRNAに対応するアミノ酸は、リシン、アスパラギン、ロイシン、イソロイシン、チロシン、アルギニン、バリンである。一一種類もない。なぜなら、リシンに対応するtRNAが三種類、アスパラギンとロイシンのそれぞれに対応するトランスファーRNAが二種類ずつ存在するからだ。したがって、クロレラウイルスもやはり、自身ではタンパク質を合成することはできない（そもそも、リボソームももっていないし）。

「かつてはもっていた」のか、「獲得中」なのか

しかしながら、不完全であるとはいえ、翻訳システムをもたない（はずだった）ウイルスに、トランスファーRNA遺伝子が見つかったことは衝撃的であった。なぜなら、ウイルスは翻訳システムを「もたない」のではなく、「かつてはもっていた」可能性が出てきたからであり、さらに「これからもつようになる」可能性が出てきたからである。

クロレラウイルスで見つかったトランスファーRNA遺伝子も、もしかしたらクロレラウイルスの進化の歴史を遡れば、かつては一一種類だけでなく、タンパク質をまるまる作り上げるに足る二〇種類以上をもっていたのかもしれない。あるいは、もしかしたらクロレラウイルスは、この一一種類のトランスファーRNA遺伝子を、宿主であるクロレラから「獲得」してきたのであ

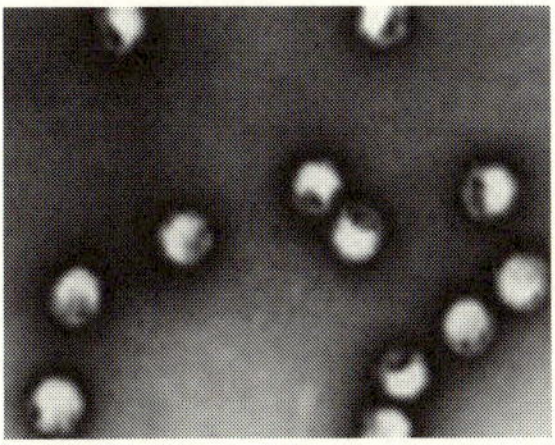

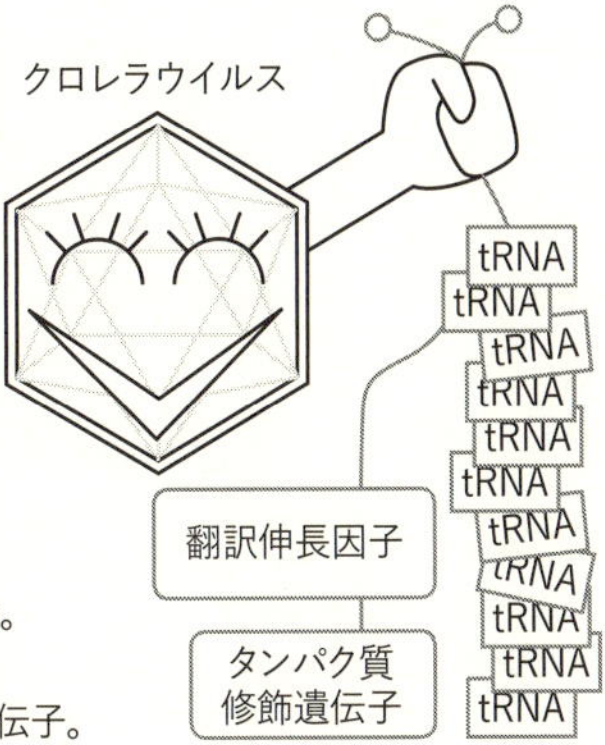

図38　クロレラウイルス

（左）クロレラウイルスの電子顕微鏡像。
［写真提供：広島大学・山田隆教授］
（右）クロレラウイルスがもつ翻訳用遺伝子。

って、現在もなお、他のトランスファーRNA遺伝子を獲得し続けているのかもしれない。

　こうした議論は、ウイルスと生物の祖先に関する研究者の考え方に、おそらく大きな影響を及ぼすであろう。ウイルスたちがもっている遺伝子がどのような起源によるものかを明らかにすることは、ウイルスの進化、そしてその起源の謎に迫るものだからである。

　ちなみに、京都で分離されたクロレラウイルスCVKには、PBCVよりも多い一四種類のトランスファーRNA遺伝子が存在し、さらに他のクロレラウイルスでは一六種類あるものもいる。

　さらにクロレラウイルスは、トランスファーRNAだけでなく、「翻訳伸長因子」という、リボソームによるタンパク質合成反応を補助するタンパク質の遺伝子や、合成されたタンパク質を糖質で修飾するための遺伝子（糖タンパク質を作る遺伝子）などももっていることが明らかとなった。前者はもちろん翻訳作業に必要だし、後者は、作られたタンパク質を修飾し、いわゆる「複合タンパク質」という複雑なタンパク質を作り出す作業にとって必要だ（図38）。

何度でもいうが、ウイルスというのは、細胞性生物に感染し、そのしくみを使って増殖する連中である。不必要なものはもたず、必要なものは「細胞のやつを使えばいいじゃん」というような「ミニマリスト」だ。

いや、そういう連中だったはずだ。それなのに、そんな「細胞のを使えばいいじゃん」と思うような遺伝子をも、クロレラウイルスはもっていた。おそらく彼らは、少なくとも自身で遺伝子をもっているものに関しては、細胞性生物のものではなく自分のものを使っているのだろう。

ミミウイルス・ハズ・カム！

そのような経緯を背景にしながら、二一世紀になって発見・分離されたミミウイルス。「ウイルスにおける翻訳システム」の観点から、さらに驚くべき展開が待ち受けていた。

ミミウイルスは、クロレラウイルスよりも大きなゲノムサイズをもつ。クロレラウイルスのゲノムサイズは、大きくても三七万塩基対程度であった（これでも、それ以前のウイルスに比べれば大きい）。これに対して、ラ・スコラ博士らが分離した「初代」ミミウイルスのゲノムサイズは一一八万塩基対と、クロレラウイルスの三倍を超える長さであり、かつ史上初めて、ウイルスのゲノムとして一〇〇万塩基対を超えるものだった。それだけ大きなゲノムであれば、当然、遺伝子の数も多くなるだろう。

ミミウイルスは、クロレラウイルスと同様に、やはりトランスファーRNA遺伝子をもっていた。ただ意外なことに、ミミウイルスがもっているトランスファーRNA遺伝子はクロレラウイルスのそれより少なく、六種類のみであった（ヒスチジン、システイン、ロイシン〈三種類〉、トリプトファンにそれぞれ対応している）。

その代わりミミウイルスは、クロレラウイルスにさえ見られなかった、驚くべき遺伝子をもっていた。「アミノアシルｔＲＮＡ合成酵素」の遺伝子である。

アミノアシルｔＲＮＡ合成酵素とは何か？

繰り返しになるが、翻訳は細胞質に存在するリボソームで行われる。遺伝子の塩基配列をコピーしたメッセンジャーＲＮＡが細胞質までやってくると、そこでリボソームと結合し、翻訳が始まる。翻訳は、アミノ酸を一個ずつ結合させたトランスファーＲＮＡがリボソームに入り込み、そこでリボソームＲＮＡのはたらきによって、アミノ酸が一個ずつつなげられていく、という具合に進行する（118ページ図31〜121ページ図33参照）。

この、「アミノ酸を一個ずつ結合させたトランスファーＲＮＡ」を合成する、言い換えれば、

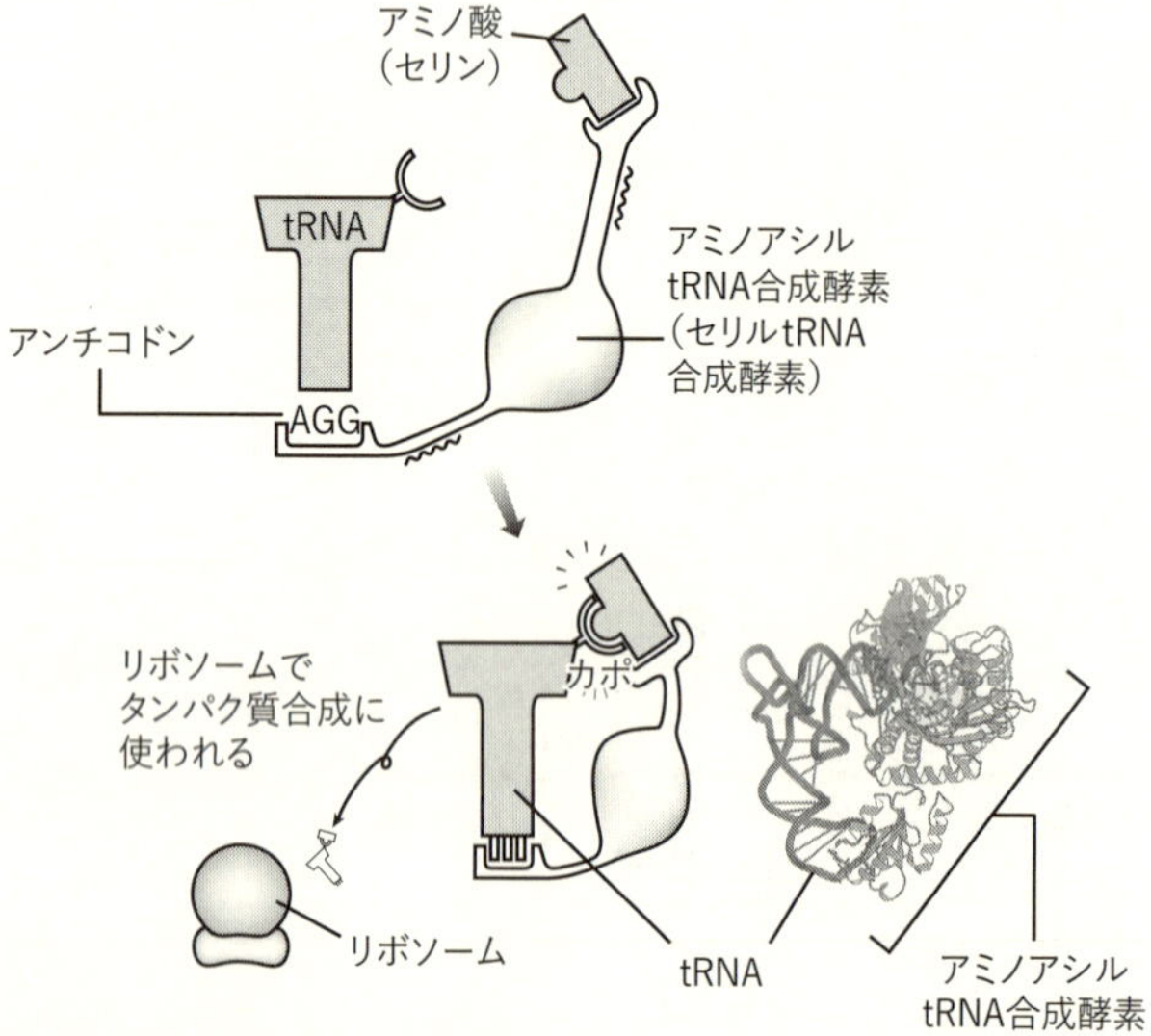

図39　アミノアシルtRNA合成酵素

セリンをtRNAに結合させるセリルtRNA合成酵素の例。

トランスファーRNAにアミノ酸を一個ずつ結合させるのが、アミノアシルｔRNA合成酵素のはたらきだ。

しかし、どのアミノ酸をどのトランスファーRNAに結合させてもよいというわけではない。彼らは、ある一種類の特定のアミノ酸を、それと対応関係にある特定のトランスファーRNAに結合させるのだ（図39）。

この場合の「対応関係にあるトランスファーRNA」とは、メッセンジャーRNAのうち、その特定のアミノ酸の「コドン」となっている部分に相補的に結合できる、「アンチコドン」という三塩基の配列をもつトランスファーＲＮＡ、という意味である。

118ページで「ＴＣＣ」という塩基配列（ＤＮＡ）が「セリン」というアミノ酸の情報である、という話をした。これを例にとると、ＴＣＣ部分がメッセンジャーＲＮＡにコピーされると、その部分は「ＵＣＣ」となる。これがセリンをコードするコドンである。リボソームがこのＵＣＣを「翻訳」する際には、そこに「セリンを結合させたトランスファーＲＮＡ」がなければならないが、そのためにはセリンを結合させたトランスファーＲＮＡには、コドン「ＵＣＣ」と相補的に結合できるアンチコドン「ＡＧＧ」が存在しなければならない（121ページ図33参照）。

この、アンチコドン「ＡＧＧ」をもつトランスファーＲＮＡに、アミノ酸「セリン」を結合させる酵素を、アミノアシルｔＲＮＡ合成酵素の中でも特に、「セリルｔＲＮＡ合成酵素」という。

生物の体のタンパク質は、二〇種類のアミノ酸からできている。したがって、私たち生物は、二〇種類のアミノ酸それぞれに対応できるアミノアシルｔＲＮＡ合成酵素を、少なくとも二〇種類もっていなければならない。先ほども述べたように、アミノ酸をコードするコドンは「縮重」しているため、さらに多くのアミノアシルｔＲＮＡ合成酵素を必要とする。

はたしてミミウイルスは、二〇種類のアミノ酸に対応するアミノアシルｔＲＮＡ合成酵素の遺伝子を、きちんと完備しているのだろうか？

不完全なミミウイルス

たとえリボソームがないにしても、もしミミウイルスが二〇種類のアミノアシルtRNA合成酵素遺伝子をもっていたとしたら、おそらくもっと大騒ぎになっていたであろう。

……ということは、そうではなかったということだ。クロレラウイルスがもっていたトランスファーRNAの種類は不完全だったという話をしたが、ミミウイルスがもっていたアミノアシルtRNA合成酵素遺伝子の種類もやはり、不完全だった。

ミミウイルスがもっていたのは、たった四種類のアミノアシルtRNA合成酵素の遺伝子にすぎなかったのである。ミミウイルスは「アルギニン」「システイン」「メチオニン」「チロシン」という四種類のアミノ酸に対応できるアミノアシルtRNA合成酵素遺伝子のみ、保有していたのだ。

当然のことながら、この四種類をトランスファーRNAにくっつけることができるだけでは、二〇種類のアミノ酸からなるタンパク質を合成するには足らない。多くのタンパク質は、二〇種類のアミノ酸をまんべんなく（構成比はバラバラであるが）もっているからだ。

もちろん例外はあって、たとえば人間の体内に最も大量に存在する「コラーゲン」というタンパク質は、たった四種類のアミノ酸（グリシン、アラニン、プロリン、ヒドロキシプロリン）が六割以上を占める。しかし、生物はコラーゲンだけで生きているわけではないし、ウイルスであっても、たった四種類のアミノ酸では必要なタンパク質をすべて作ることはできない。そういう次第だから、ミミウイルスのアミノアシルｔＲＮＡ合成システムは「不完全である」といえる。

しかし、メチオニンなどは、169ページで後述するように、ミミウイルスだけでなく、すべての生物にとっても重要度が高い。これら四種類のアミノ酸は、おそらくミミウイルスのタンパク質を作るにあたり、重要度が高いアミノ酸なのであろう。

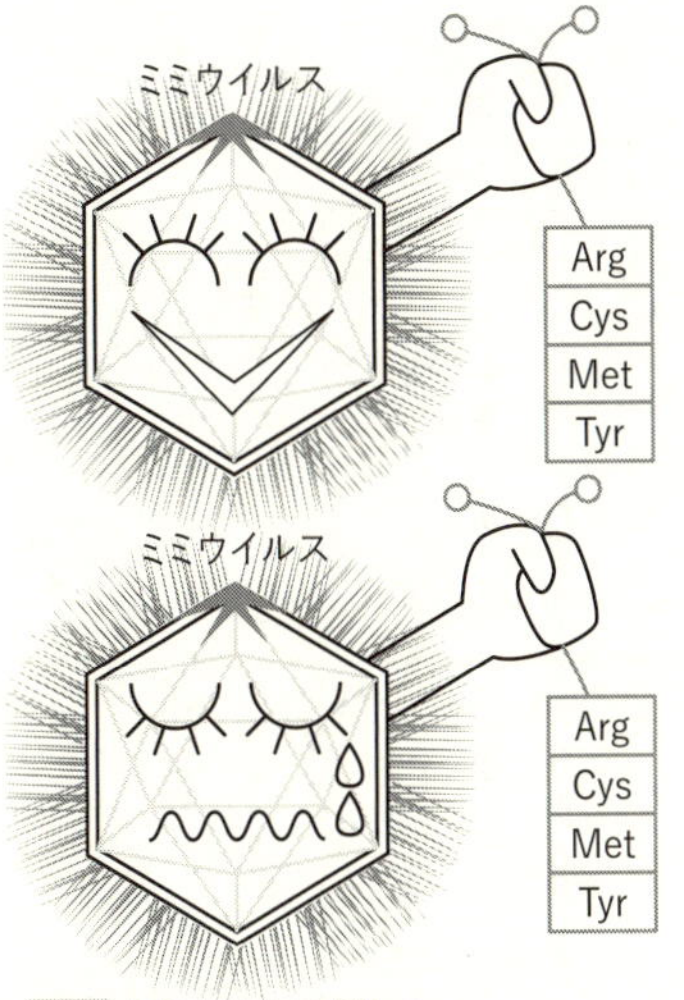

図40　ミミウイルスがもつアミノアシルtRNA合成酵素

(上) はたして、ミミウイルスはこの4種類だけで満足しているのか？
(下) それとも、もっと欲しいと思って泣いているのか？

深まる謎

いったいミミウイルスは、たった四種類のアミノアシルｔＲＮＡ合成酵素の遺伝子しかもたずに、何をしようとしているのだろうか（図40）。

二〇一一年、「初代」ミミウイルスの仲間で、「初代」ミミウイルスよりもゲノムサイズが大きな「メガウイルス」が見つかった。

じつはこの巨大ウイルスは、ミミウイルスよりも多く、七種類ものアミノアシルｔＲＮＡ合成酵素遺伝子をもっていたことで注目された。ミミウイルスがもっていた「アルギニン」「システイン」「メチオニン」「チロシン」に加え、「イソロイシン」「アスパラギン」「トリプトファン」に対応できるアミノアシルｔＲＮＡ合成酵素遺伝子をもっていたのである。

クロレラウイルスのところで述べたように、大昔には生物と同じように二〇種類のアミノ酸に対応できる一セットのアミノアシルｔＲＮＡ合成酵素遺伝子をもっていたものが、現在は失ってしまったのか、それとも、宿主の細胞性生物からアミノアシルｔＲＮＡ合成酵素遺伝子を現在進行形で「獲得」しつつあるのか。

いずれにしても、それまでのウイルスには見られなかったアミノアシルｔＲＮＡ合成酵素が見つかったことは、じつにウイルスにとって（あるいは生物とウイルスの境界線について興味を抱く研究者にとって）、画期的なことであったといえる。と同時に、巨大ウイルスの謎はますます深まったともいえる。

124ページで、世界最小の細胞性生物カルソネラ・ルディアイが、翻訳に重要な役割をはたす遺伝子のいくつかをもっていないという話をしたが、じつはそれこそがアミノアシルｔＲＮＡ合成酵素の遺伝子だった。少なくとも九個のアミノアシルｔＲＮＡ合成酵素遺伝子が、カルソネラ・

ルディアイのゲノムには存在しなかったのである。おそらくその分を、宿主のアミノアシルtRNA合成酵素に依存しているのだろうが、ということは彼らもやはり、ミミウイルスやクロレラウイルスなどのように「不完全」なのであり、いうなればこうしたウイルスたちの〝仲間〟であるともいえる。

3-4 「共通祖先」を追え！

何のためにソレをもつ？

生物の進化に「目的」はない、とはよくいわれることである。テレビの科学番組などでよく耳にする「〜のために進化した」という言い方は、じつは正確ではないということだ。たとえば、鳥やコウモリがもつ翼は、いったい何のために進化したのかという議論が代表的なものだろう。よくいわれるのは「空を飛ぶために進化したのだ」というものだが、これは間違いである。

鳥は、必ずしも空を飛ぶために翼をもったわけではない。最近の研究で明らかになっているのは、鳥はじつは恐竜の子孫であるということである。

すなわち、ある一部の恐竜に、あるとき「羽毛」が生じた。「あるとき」とはいっても、進化史的な視点からの話であって、われわれの感覚では膨大な期間を意味する。これは別に空を飛ぶためでも、体温を保持するためでもない。

この「羽毛」が、のちの鳥に「飛翔」という機能をもたらしたことは間違いない。だが、それはあくまでも「羽毛をもったその生物が、空を飛翔するのに適していた」、あるいは「羽毛をもち、空を飛翔するように進化した」というだけであって、「空を飛翔するために羽毛を獲得した」わけではない。

当然のことながらコウモリも同様であって、彼らは決して「空を飛ぶために翼をもつようになった」わけではなく、結果的に「翼をもつにいたったコウモリが、空を飛ぶのに適していた」、あるいは「翼をもち、空を飛ぶように進化した」などという言い方が正しい。

進化の結果

もう一つ、「ナゲナワグモ」というクモが、糸を投げ縄のように振り回し、獲物を捕らえるという例がある（図41）。

もともとは普通のクモのように、円形の網目状の糸を作り出していた彼らの祖先だったが、その進化のプロセスは明らかではないものの、やがて投げ縄のようなものをもつようになった。同時に、その先端には粘着性の高い球状の構造が形成され、獲物を捕らえることができるようになった。この一連の進化もまた、「ナゲナワグモ」が獲物を効率よく捕らえるために、このような投げ縄を進化させた、というふうにいわれることが多い。

　しかし、実際にはもちろん違う。ナゲナワグモの祖先が「あ〜あ、こうして糸を広げて待ってるのも退屈だな〜。……そうだ、細長くして振り回せるようなものを作れば、もっと食い物をゲットできるかも！」などと考えて、そのために投げ縄を考案したわけではないのである。あくまでも、さまざまな環境の下でさまざまな進化が協調的に起こり、「結果的にそうなった」というのが正しい理解なのである。よく、「生物は合目的的には進化しない」などといわれるが、まさにそのとおりだ。

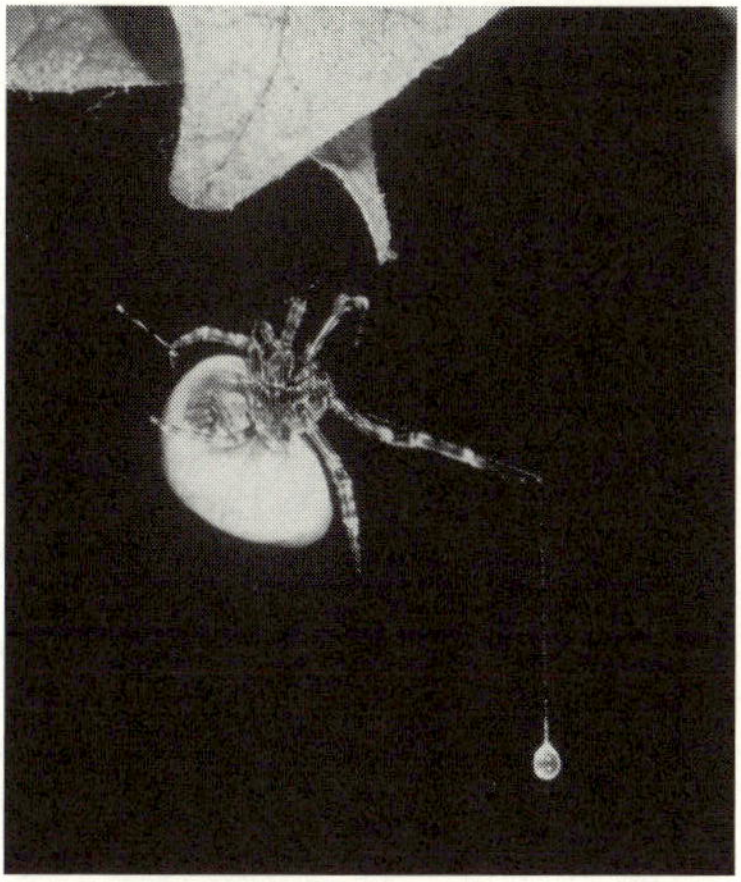

図41　ナゲナワグモ

まさしく投げ縄を投げるように、先端に粘着性の高い球状構造をもつ糸を放り投げて獲物を捕らえる。まるで野球の投手のように、〝振りかぶった〟姿。(Animals Animals ／ PPS)

　これとまったく同じことが、ミミウイルスと、それがもつアミノアシルｔＲＮＡ合成酵素遺伝子にもあてはまる。

　ミミウイルスはいったい、何のため

にアミノアシルtRNA合成酵素遺伝子をもっているのか？　このような問いは、じつは愚問なのである。「目的」を問うても仕方がない。神経系をもたず、そもそも細胞ですらないミミウイルスたちには、将来の何かに備えてそれをもつような、人間的な意味における積極的な意志など存在しないはずである。

したがって、非常に鹿爪《しかつめ》らしい言い方になってしまうけれども、正しくは、「ミミウイルスはいかにして、アミノアシルtRNA合成酵素遺伝子をもつにいたったのか」と問わなければならないのだ。そのためには、ミミウイルスやクロレラウイルスの「祖先」に、思いをめぐらせる必要がある。

共通性と多様性

これまで（いや今でも）、ウイルスが生物の仲間に入れてもらえなかったのは、細胞からできていない、リボソームをもたずに自分ではタンパク質を作れないなどの理由もあるが、他に「生物のような〈共通祖先〉が存在しない」という理由もある。

すべての生物は、進化の道筋を遡っていくと、ある一つの共通祖先に行き着くと考えられている。つまり私たちヒトも、植物もカビも大腸菌も、すべてが祖先を同じくするということである。その共通祖先から、私たち生物は数十億年という長い長い時間をかけて、さまざまな種類の生物へと進化してきた。

なぜすべての生物に共通祖先がいると考えられているのかといえば、すべての生物が共通してもっている性質があるためだ。

遺伝子としてＤＮＡをもつこと。セントラルドグマというしくみをもつこと。細胞という共通の構造を基本としていること。そして、進化すること。ほかにも諸々。

この共通の性質をもとに、多様な種の生物が地球上に息づいている。共通性と多様性の共存というこの性質こそ、生物が生物であるゆえんであるといえる。

一方、ウイルスはどうか。

まずウイルスには、ＤＮＡウイルスとＲＮＡウイルスがいる。ゲノムとしてどの物質を使うかがそもそも異なるということは、共通祖先がいないことを含意している（ただし、第４章でも述べるように、それらを統合した共通祖先がいる可能性は完全には排除されない）。

細胞性生物に感染しないと増殖できず、さらにその増殖方法もウイルスそれぞれで異なる。セントラルドグマのしくみを使うことは共通しているが、「どのように使うか」がウイルスそれぞれによって違う。

ＤＮＡウイルスであるアデノウイルスと、ＲＮＡウイルスであるインフルエンザウイルスとでは、もっている遺伝子がそもそも異なる。同じＲＮＡウイルスの中でも、ノロウイルスとエボラ

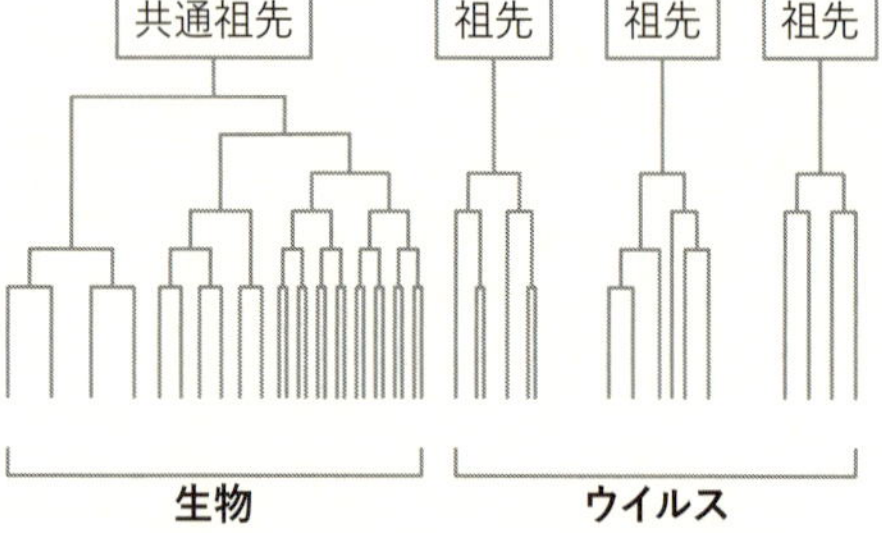

図42　生物の単系統性とウイルスの複系統性

すべての生物は、遡れば1つの共通祖先に行き着くが、ウイルスにはそうした共通祖先がいない。しかし、当然のことながら、ある1つのグループのウイルスだけをとってみたら、それには共通祖先がいる、ということにもなる。NCLDVは、まさにそうしたものの一つである。

ウイルスでは、形もゲノムもまったく違うし、同じＤＮＡウイルスの中でも、ヘルペスウイルスとポリドナウイルスは、形もゲノムもまったく違う。

　現在の有力な説では、ウイルスはそれぞれ、なんらかの細胞性生物から飛び出すようにして派生して生まれた「副産物」のような扱いである。したがって、由来する細胞性生物が違えば、特質が異なるのは当然のことだ（細胞が違っても、その細胞同士には共通祖先がいるのだから、結局のところウイルスにも共通祖先がいるといってもよさそうなものだが、それについてはここでは言及しないでおこう）。

　いずれにせよ、このような理由からひとくくりにされてきた従来のウイルスは、ひとくくりにされているがゆえに、その中で共通祖先が見られないという身勝手な理由から、生物とは一線を画してきた（画されてきた）ともいえる（図42）。

しかし、考えてみればこれもおかしな議論である。ウイルス全体ではなく、個々のグループに焦点を当てると、それぞれにはそれぞれの共通祖先がいるはずだ。そもそも、ウイルスにも「属」や「科」などの分類群が設定されるということは、各グループに共通祖先が存在することが暗に認められている、ということでもある。全部を「生物」と対比させて「ウイルス」としてくくってしまっているがゆえに、ウイルスには共通祖先がいないという議論になってしまっているのだろう。

そうした中にあって、複数の「科」をまたいだ共通祖先がいるとされる「NCLDV（核細胞質性大型DNAウイルス）」は、まさにそうした議論に、一本の楔《くさび》を打ち込む存在となっているのである。

共通祖先がいたNCLDV

NCLDVという分類群は、二〇〇一年、アメリカ国立衛生研究所（NIH）のラシュミナラヤン・アイエルとエル・アラヴィンドの研究グループが提唱したものである。繰り返しになるが、NCLDVとは、比較的大型の二本鎖DNAウイルス（DNAは通常、二重らせんという表現でよく知られた二本鎖構造になっているが、一本鎖DNAをもつウイルスもいる）で、宿主細胞の細胞核もしくは細胞質で複製し、細胞質で粒子形成までを完了するウイルスのことである。

そしてカプシドの内部に、宿主の小胞体膜や核膜を起源とする脂質二重膜をもつ（139ページ図36参照）。

二〇〇三年にミミウイルスが発見されると、ミミウイルスもNCLDVに含まれることが明らかとなり、その後、トーキョーウイルスが含まれるマルセイユウイルス科やパンドラウイルス属などがこれに加わった。他にポックスウイルス科、イリドウイルス科、フィコドナウイルス科、アスコウイルス科、アスファウイルス科などが含まれる。

ミミウイルスの発見が、こうした大型のDNAウイルスグループに関する研究の発展を後押ししたことは想像にかたくないが、ミミウイルスやパンドラウイルスなどのいわゆる「巨大ウイルス」だけではなく、いわばその発見に触発されるかたちで、それ以前に発見されていたさまざまなDNAウイルスが、このグループへと「再編成」されたという側面も無視できない。

大きなDNAウイルスのグループがNCLDVとして一つにまとめられたことから、このグループに属するウイルスたちに「共通祖先がいた」と考えられていることもまた、容易に想像できるだろう。

四一個のコア遺伝子

これらウイルスの、さまざまな遺伝子の塩基配列を解析し、その違いから祖先を遡って調べていくと、ある一つの共通祖先の存在が浮かび上がってくる（図43）。共通祖先がいるということは、今いるNCLDVのすべては、ある共通性を保ちつつ、多様化を遂げてきた仲間たちであるということになる。すなわち、少なくともNCLDVは、生物と同様な進化を遂げてきたということができる。

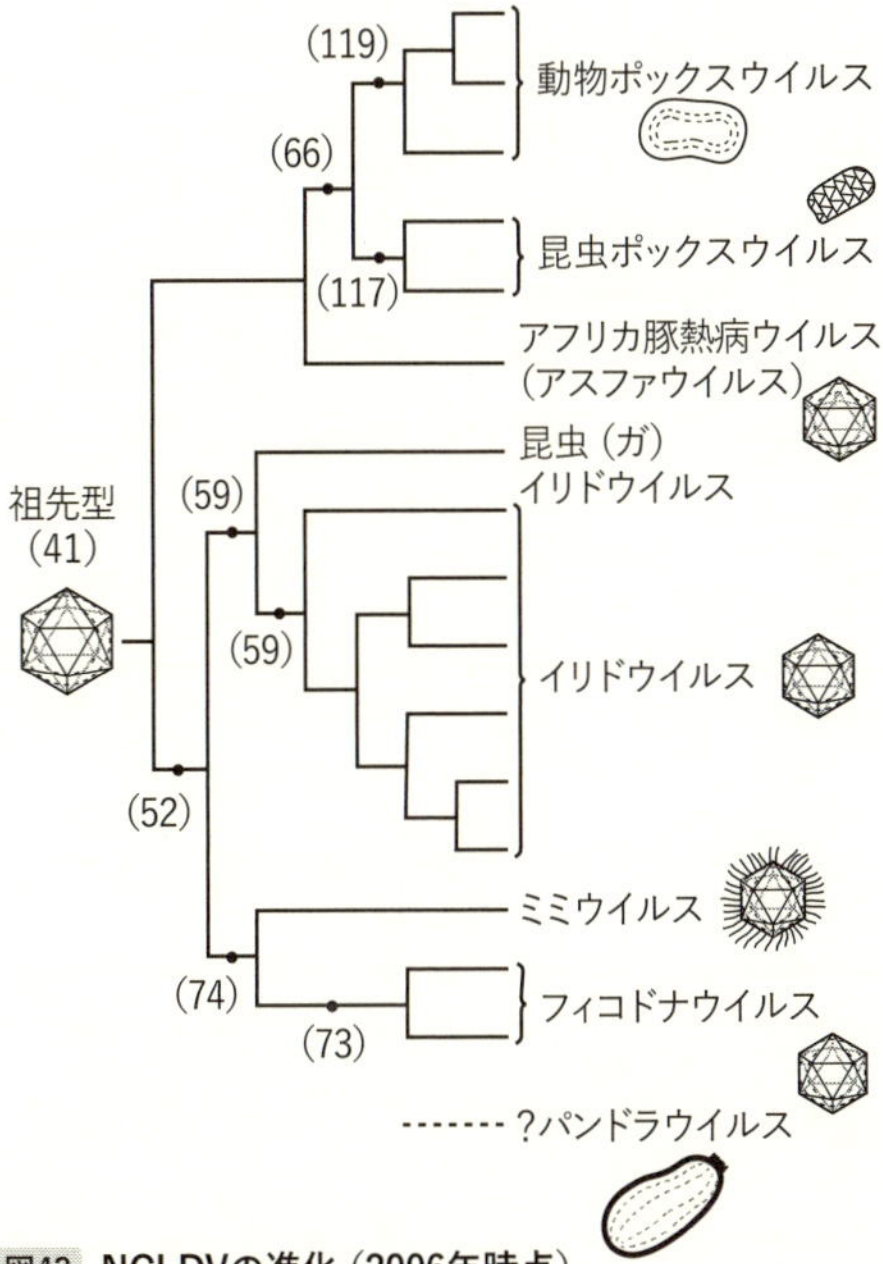

図43　NCLDVの進化（2006年時点）

カッコ内の数字は、コア遺伝子ならびにそれに由来する遺伝子の数を表す。［出典：Iyer LM et al.（2006）*Virus Res.* 117, 156-184.より改変］

それでは、NCLDVの共通祖先とは、いったい何者であったのか？

現在と同じように、やはり細胞性生物を宿主とし、その細胞質で複製・成熟を完了させ、カプシド内部に脂質二重膜をもつ、大型のDNAウイルスだったのか。それとも、もっと大きな存在だったのか。あるいは、もっと小さな存在だったのか。

アラヴィンドらによれば、NCLDVの共通祖先には、四一個の中心的な遺伝子があったという。NCLDVに共通した、NCLDVの核となる遺伝子という意味で、これら四一個は「コア遺伝子」とよばれる。このコア遺伝子は、大きく五つのカテゴリーに分けられる。

①DNAの複製に関わる遺伝子（八個）、②ヌクレオチド（DNAの材料）代謝に関わる遺伝子（六個）、③転写に関わる遺伝子（一七個）、④粒子形成に関わる遺伝子（九個）、そして⑤宿主との相互作用に関わる遺伝子（一個）である。

NCLDVの直接の共通祖先は、真核生物が誕生したのと同じくらいの時期（遅くとも一九億年ほど前）までに、四一個のコア遺伝子を保有するウイルスとして誕生した。そして、進化の過程で、宿主の遺伝子の「水平移動」（次節参照）や共生バクテリアなどからの遺伝子の水平移動、さらには、同じゲノムの中に同一の遺伝子のコピーが生じる「遺伝子重複」などの突然変異によって、さまざまな遺伝子を獲得しながら、現在の多様なNCLDVが誕生したのではないか、と考えられる（図43）。

要するに、先ほどの問いかけに答えれば、NCLDVの共通祖先は、現在のウイルスよりも小さな存在だったのではないか、ということである。

ここで、興味深い話がある。

四一個のコア遺伝子のうち、ＤＮＡポリメラーゼやＤＮＡプライマーゼ（ＤＮＡ複製を始める反応に必要なタンパク質）、ＰＣＮＡ（増殖細胞核抗原：ＤＮＡ複製時に、ＤＮＡポリメラーゼを「かすがい」のようにＤＮＡにつなぎとめる役割をもつタンパク質。第1章63ページ参照）など、「ＤＮＡの複製」に関わる遺伝子を分子系統的に調べたところ、これらの各遺伝子が、バクテリアの系統とも、アーキア・真核生物の系統とも異なるものであることが示唆されているのだ。

つまり、バクテリアとアーキア、すなわち細胞性生物が誕生する以前から、こうした複製遺伝子の大本の祖先となった「ＤＮＡレプリコン」が、いくつかの異なる複製システムとして存在していて、あるものはバクテリアに、あるものはアーキアへと進化し、そうではないものがウイルスへと進化したのではないか、という考え方が可能となるのである。レプリコンとは、ウイルスよりも単純な構造をしていたと想定されるＤＮＡもしくはＲＮＡで、自律的に複製することができる一つの単位を指している。

もっと踏み込んでいえば、「ＤＮＡレプリコン」は、おそらくＮＣＬＤＶの共通祖先の、さらに直接の祖先であるかもしれない。その形は、現在のＮＣＬＤＶと同様に、ＤＮＡを脂質二重膜が包み込み、その周囲にカプシドタンパク質が組み立てられていたものだ、と考えることもできる。

これについては、章を改めて、最終第4章で詳しく考えてみることにしたい。

3-5 リボソームは水平移動の夢を見るか

「遺伝子の水平移動」とは何か

前節で、遺伝子の「水平移動」という言葉が出てきた。じつはこの言葉は、これからの本書のストーリーにおける、ちょいとした〝重要単語〟である。

遺伝子というのは通常、DNAが複製し、細胞が分裂することで、細胞から細胞へと受け継がれていく。親細胞から子細胞へ——、すなわち、親から子へという流れに乗って受け継がれる。これを「遺伝子の垂直移動」とよぶことがある。

他方、これとは異なる移動方法が「遺伝子の水平移動」である。親から子への垂直の流れとは異なり、水平の流れ、つまり遺伝子が、ある種の生物から別の種の生物へと移動することがあるのだ。

そのメカニズムの主要な一つが、ウイルスを介した遺伝子の水平移動であると考えられている。

たとえば、あるウイルスが生物Aに感染し、次代のウイルス粒子が形成されるときに宿主の遺

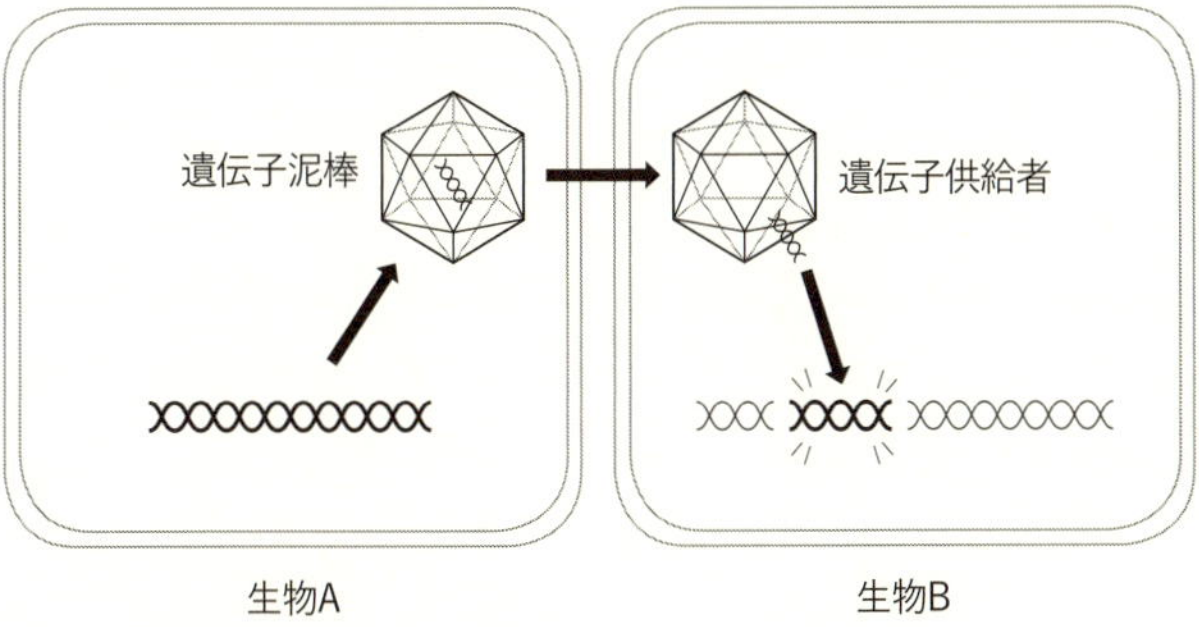

図44　遺伝子泥棒と遺伝子供給者

生物Aから遺伝子を〝盗み〟、生物Bに遺伝子を〝与える〟。ただし、それが必ずしも同じ遺伝子とは限らないし、同じウイルスがどちらも行うというわけではない。ウイルスではなく、共生バクテリアがこれらを行うこともあるだろう。

伝子（ここでは遺伝子Aとする）を偶然に、あたかも〝万引き〟をするかのように（その〝コピー〟を）持ち出す（ある研究者は、これを遺伝子泥棒〈gene robber〉とよぶ）。さらに、このウイルスが別の種の生物Bに感染したときに、遺伝子Aを今度はこの新たな宿主に供給する（ある研究者は、これを遺伝子供給者〈gene supplier〉とよぶ）（図44）。この結果、遺伝子Aが、生物Aから生物Bへと「水平移動」した、と考えるのである。

また、生物間の移動とまではいかなくても、あるウイルスから生物に遺伝子が移動する場合や（この場合は、ウイルス自身の遺伝子が供給される）、ある生物からウイルスに遺伝子が移動する場合（ここでのウイルスは遺伝子泥棒となる）もまた、遺伝子の水平移動が起こっているといえる。

もちろんウイルスだけでなく、先述のように共生バクテリアから宿主細胞へと遺伝子が水平移動した例も多く知られている（むしろ、こちらのほうが有名だ）。かつて好気性バクテリアだったミトコンドリアの遺伝子の多くが宿主のゲノムへと移動した現象が、よく知られているその好例だ。

実際にそれが起こっている現場を押さえることは困難だが、遺伝子解析をすることで、過去に水平移動が起こったことは容易に推測できる。ＮＣＬＤＶのコア遺伝子も、このような遺伝子の水平移動によって、その様相をいろいろと変化させながら、さまざまなＮＣＬＤＶを生み出してきたと考えることができるのである。

“スペア”をもつミミウイルス

アイエル、アラヴィンドらの研究では、ＮＣＬＤＶの共通祖先がもっていた四一個のコア遺伝子の中には、翻訳用遺伝子は含まれていない。この事実は、ミミウイルスやメガウイルスが保有するアミノアシルｔＲＮＡ合成酵素遺伝子は、もともと宿主であった細胞性生物がもっていた遺伝子を、彼らが進化の過程で水平移動によって獲得してきたものだ、という推論を補完するものである。

してみると、系統Ａのミミウイルスがもっている四個のアミノアシルｔＲＮＡ合成酵素遺伝子も、系統Ｃのメガウイルスがもっている七個のそれも、水平移動によって細胞性生物から獲得してきたものだ、ということになる。ただし、そのときの細胞性生物が現在と同様のアカントアメーバだったかどうかはわからない。今ですら、アカントアメーバが真にミミウイルスの自然宿主であるのかどうか、ほんとうのところはわからないのだから。

なぜなら、ウイルスは本来、自然宿主を殺してしまうような極端な行動はとらず、共存共栄をはかるものだからである。殺してしまったのでは、自らの増殖の場を減らすことになり、ウイルスにとって有利になるとは思えない。しかし、ミミウイルスはアカントアメーバを殺してしまう……。

話を戻そう。

それでは、ミミウイルスはなぜ、アミノアシルｔＲＮＡ合成酵素を獲得してきたのだろうか？この問いかけもまた、「目的論」的であるからよろしくない。なんらかの理由があって獲得してきたのではなく、宿主からの遺伝子の水平移動が偶然生じ、アミノアシルｔＲＮＡ合成酵素を獲得してきたことでなんらかのメリットが彼らにもたらされた、と考えるべきである。

そのメリットについて、こんな研究成果がある。

ミミウイルスのアミノアシルｔＲＮＡ合成酵素遺伝子の発現（メッセンジャーＲＮＡが転写され、タンパク質が作られること）が、宿主であるアカントアメーバが置かれた栄養状態を変えることでどう変化するかについて調べた研究が、二〇一五年に報告された。実験の結果、これら遺

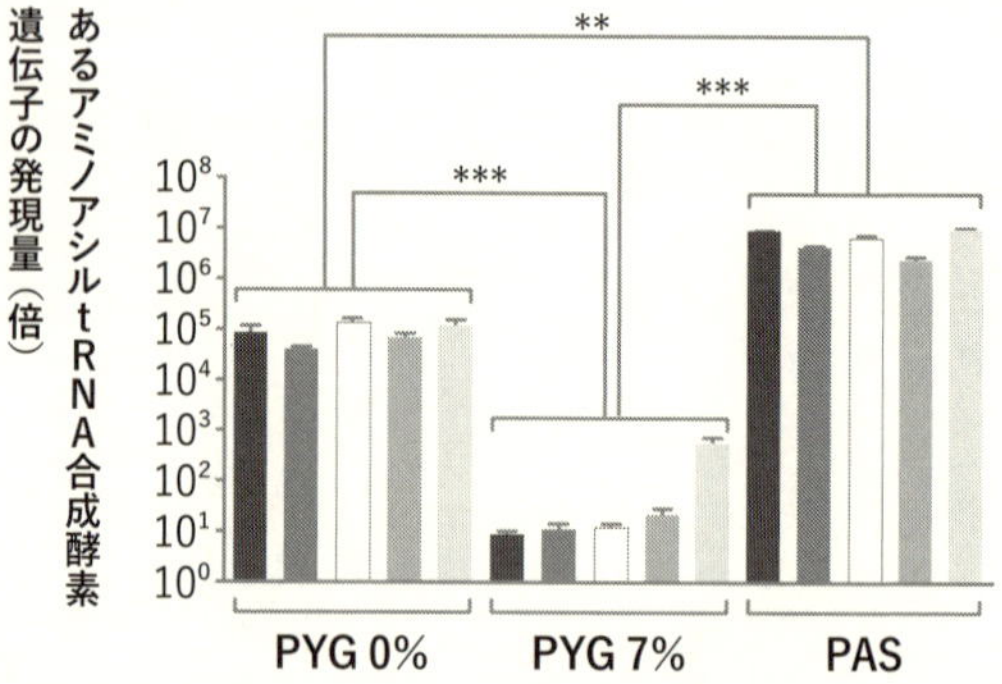

図45　飢餓状態とアミノアシルtRNA合成酵素遺伝子の転写の変化

左の5つの棒グラフ：栄養培地（PYG）にウシ血清を加えずにアカントアメーバを培養した場合。中の5つの棒グラフ：栄養培地（PYG）にウシ血清を7%加えてアカントアメーバを培養した場合。右の5つの棒グラフ：栄養培地も与えず、飢餓状態でアカントアメーバを培養した場合。縦軸は、アミノアシルtRNA合成酵素のmRNAの合成量を示す。飢餓状態のときが、最もよく合成されていることがわかる。図中の**、***は、有意差があることを示す。
[出典：Silva LCF et al. (2015) *Front. Microbiol.* 6, 539.より改変]

伝子の発現が、アカントアメーバを栄養飢餓状態に置いたときに、明らかに上がったのである（図45）。

この結果が示すことは簡単だ。アカントアメーバが栄養飢餓状態になると、ミミウイルスは自身のアミノアシルtRNA合成酵素遺伝子の発現を上昇させることで、自らのタンパク質合成能力が落ちるのを防いでいるのではないかということである。151ページで述べたとおり、ミミウイルスがもっているアミノアシルtRNA合成酵素に対応するアミノ酸は、ミミウイルスのタンパク質で使われるアミノ酸のうち重要度が高いもののようである。アメーバの栄養状態がよろしくないからといって、それらの合成に支障をきたしてはマズいから、彼らはそのアミノ酸に対応するアミノアシルtRNA合成酵素を、自身のゲノムに保持しているのではないかというわけだ。

「キメラ」ウイルスの登場

二〇一五年、ブラジルのベロオリゾンテ市の「パンプーリャ・ラグーン」という大きな池の水の中から、「ニーマイヤーウイルス」というミミウイルスが分離された。

面白いことにこのミミウイルスは、「初代」ミミウイルスがもっている四種類のアミノアシルtRNA合成酵素遺伝子のうち、三種類（チロシン、システイン、メチオニンに対応するもの）について、それぞれ二個ずつを保有していることが明らかとなった。どうやらこのミミウイルスは、進化の過程で遺伝子の水平移動が生じた結果、これらの遺伝子を二個もつようになったようである。

メチオニンは、タンパク質合成の際に、つねに最初のアミノ酸となる重要なアミノ酸である。チロシンやシステインも、おそらくミミウイルスのタンパク質における重要度が高く、先ほども述べた飢餓状態などの宿主の置かれた環境も影響して、アミノアシルtRNA合成酵素遺伝子を二重にもつものが、進化的に有利となってきたのではないだろうか。

ニーマイヤーウイルスの場合、面白いのは、重複している二個のアミノアシルtRNA合成酵素遺伝子がそれぞれ系統を異にしており、一方は系統Ａに、もう一方は系統Ｃに属するミミウイルスのそれに似ていることである。そして、ニーマイヤーウイルス自身は系統Ａに属している。まるで伝説の雑種動物「キメラ」のようだ。

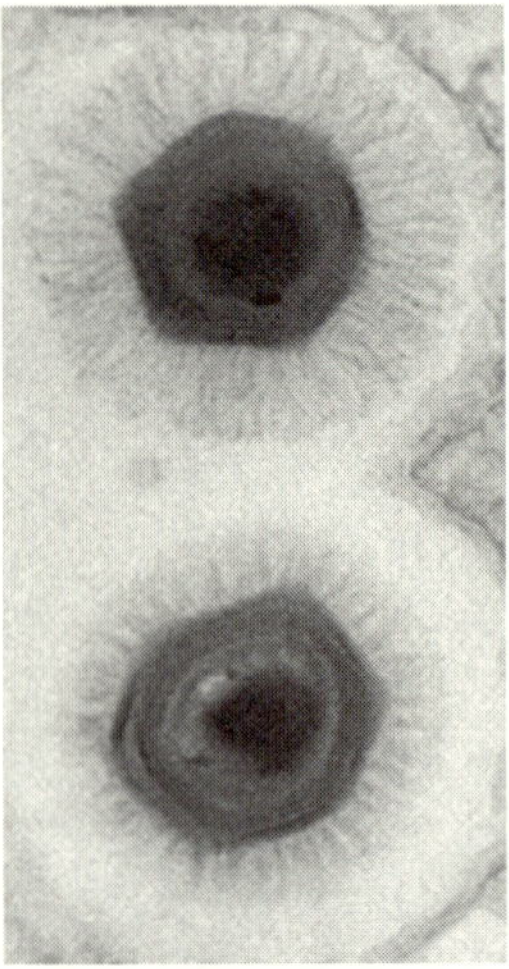

図46　「初代」ミミウイルス（上）とメガウイルス（下）の共存
［出典：Arslan D et al. (2011) *Proc. Natl. Acad. Sci. USA* 108, 17486-17491.より改変］

すなわち、ニーマイヤーウイルスはその進化の過程で、ミミウイルスの別の系統Ｃのアミノアシルｔ ＲＮＡ合成酵素遺伝子を水平移動により獲得した、ということになる。二種類の異なるミミウイルス粒子が、同時に一つのアカントアメーバに感染し得ることはすでにわかっている。系統Ａに属するミミウイルスと、系統Ｃに属するメガウイルスが、同じアカントアメーバ細胞の中で、隣り合って〝デート〟している姿がとらえられているからだ（図46）。

これと同様のことが、かつても生じたのだろう。なんらかの事情で、二種類のミミウイルスに由来するウイルス工場が同じ宿主の細胞質の中で融合するとか、ウイルス工場の一部が重なったとか、そうしたことが起こった結果、異なるミミウイルスのアミノアシルｔ ＲＮＡ合成酵素遺伝子を偶然獲得した、と考えることができるのではないか。

いずれにせよ、アミノアシルｔＲＮＡ合成酵素遺伝子をミミウイルスがもっているのは、単なる偶然であったり、「何となくもっている」というわけではなさそうだ。それをもつことが彼らにとって有利にはたらいたから、今なお彼らは存在し、その遺伝子を十分に活用しているのであろう。

モリウイルスが「持ち出した」もの

二〇一五年、ピソウイルスと同じく、シベリアの三万年前の永久凍土の中から、新たな巨大ウイルスが発見された。第1章でご紹介した「モリウイルス（*Mollivirus sibericum*）」である。モリウイルスの名の由来は論文を読んでもよくわからないが、その後に出た総説で「soft mollicute-like virion」とあるので、粒子の形が「モリクテス」というバクテリア（細胞壁がない）に似ているため、そう名づけられたようである。

モリウイルスは、パンドラウイルスやピソウイルスなどと同じ「壺型ウイルス」だが、パンドラウイルスやピソウイルスほどその粒子サイズは大きくなく（およそ六〇〇ナノメートル）、ゲノムサイズもピソウイルスよりもやや大きい六五万塩基対程度と、「それほど大したことないや」と思ってしまう程度の巨大ウイルスかと思われた。

リボソームタンパク質	実験1	実験2	実験3
S9	++	++	++
L6e	++	++	++
S8	++	++	++
S7e	++	++	++
L5P family C-terminus	++	++	++
L35Ae	++	++	++
S4e	++	++	++
L18	++	+	++
S23 (S12)	+	++	++
L30e		++	++
S15		++	++
L4/L1 family	+	++	+
S17	+	++	+
S27		++	+
S7P/S5e		++	+
L23	++		
L10	+	+	+
L3	+	+	+
L14	+	+	
L7Ae/L30e/S12e/family	+		+
L27e family		+	+

図47 モリウイルス粒子内に見られた宿主由来のリボソームタンパク質一覧

3回の実験での、それぞれの結果を示す。
++：少なくとも2個見られたもの　+：1個見られたもの
[出典:Legendre M et al. (2015) *Proc. Natl. Acad. Sci. USA* 112, E5327-E5335. より改変]

ところが、その論文(著者はやはり、フランスのクラヴリの研究グループであった)には、驚くべきことが書かれていた。それが、第1章52ページでモリウイルスが「なんじゃこりゃ」ウイルスであると述べた大きな理由の一つである。

モリウイルスの粒子の中にどんなタンパク質が存在しているかを、「プロテオミクス」とよばれる「そこにあるタンパク質を一網打尽に解析する」手法で調べてみたところ、なんと宿主（アカントアメーバ）に由来する「リボソームタンパク質」が、多数存在することがわかったというのである。

リボソームタンパク質はリボソームの重要な材料であり、数十種類が存在する。モリウイルスで発見されたのは、このうちの十数種類である。その由来も、宿主のリボソームの大サブユニット、小サブユニット、それぞれを構成する重要なリボソームタンパク質であることが明らかとなり、さらにリボソームタンパク質以外にも、リボソームRNAアセンブリタンパク質などの、リボソームの形を保持するのに重要な役割をはたすタンパク質までもが含まれていた（図47）。

モリウイルスゲノムにはもちろん、リボソームタンパク質の遺伝子は存在しなかった。ということはモリウイルスは、アカントアメーバ細胞内で粒子を組み立てる際に、宿主のリボソームタンパク質を一緒にパッケージングしてしまっている、ということになる。いわば、宿主がもつリボソームタンパク質を持ち出しているのである。

モリウイルスは〝野心家〟なのか？

モリウイルスもやはり、巨大なウイルス工場をアカントアメーバ細胞内に作り上げる。そのウイルス工場は、ミミウイルスなどとは異なり、細胞核とは独立して作られるものではなく、パンドラウイルスと同様、宿主の細胞核を完全に崩壊させたうえで、なんらかの繊維状の成分が非常に大量に存在する、ちょいと変わったウイルス工場として形成される（53ページ図12参照）。

論文の著者は、宿主の細胞核が崩壊するため、その中の核小体にある合成途中のリボソームの一部が、モリウイルス粒子の形成にともなって取り込まれるのではないか、と考察している（真核生物のリボソームは、細胞核内にある核小体で合成される）。

リボソームタンパク質だけを取り込んだって、まったく意味がないじゃないか。リボソームRNAも一緒に取り込むか、リボソーム粒子そのものを取り込んだらいいのに……。普通なら誰でもそう思うだろう。もしタンパク質の翻訳を自らやろうという〝野心〟をもつのであれば、当然ながら、リボソーム粒子全体が存在しないと意味がないからだ。

なぜモリウイルスは、そのような一見して意味のないことをしているのだろうか？　やはりミミウイルスのアミノアシルtRNA合成酵素と同様に、宿主の栄養状態が暗転する事態に備えて、自らリボソームタンパク質の〝備蓄〟をもっているということなのだろうか？　それとも、ほんとうに何の意味もなく、単なる「リボソームタンパク質も一緒に持ち出しちゃってさ〜、あはは」的な状況になっているにすぎないのだろうか？

残念ながら、その謎はまだ解明されていない。ちなみに、モリウイルスゲノムにアミノアシルtRNA合成酵素遺伝子はない。

さらなる野心家、アレナウイルス

最後に、ちょいと巨大ウイルスから話をはずし、「アレナウイルス」という名のウイルスを登場させよう。

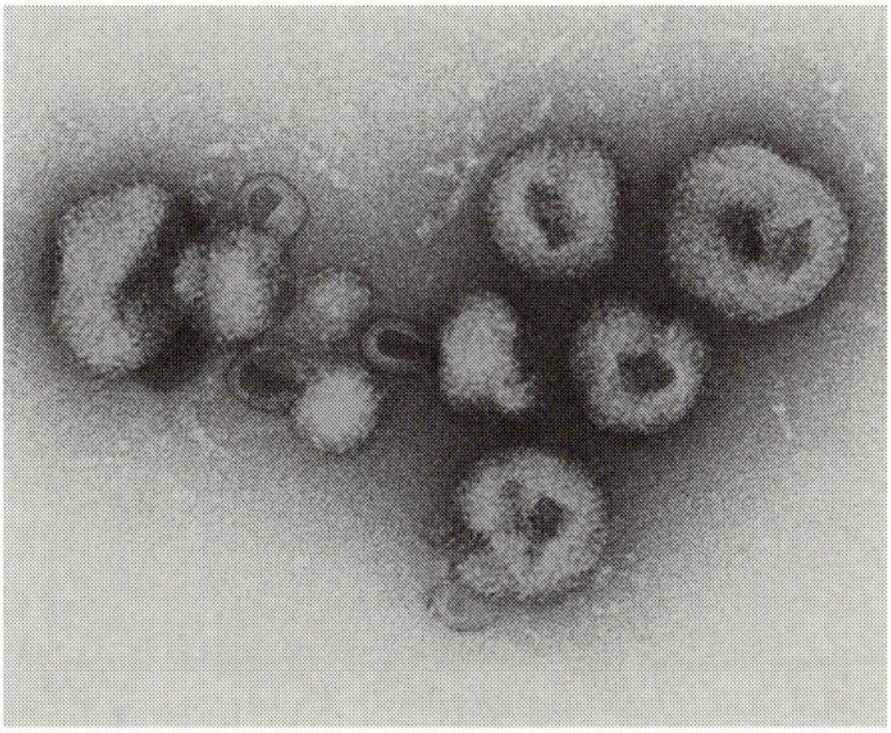

図48　宿主からリボソームを持ち出すアレナウイルス

(Science Photo Library／アフロ)

このウイルスは、巨大ウイルスでもなければDNAウイルスでもない。一本鎖RNAウイルスである。脂質二重膜、すなわち「エンベロープ」に覆われたエンベロープウイルスであり、粒子の直径は五〇〜三〇〇ナノメートルとかなり多様であるが、平均的なサイズは一一〇〜一三〇ナノメートルである。ヒトに感染し、無菌性髄膜炎や、南米ではアルゼンチン出血熱、ブラジル出血熱などを引き起こすウイルスとして知られる（図48）。

「アレナ（arena）」とは、ラテン語で「砂粒」という意味である。つまり、このウイルスの粒子の内部に、砂粒のように見える何かが存在することから、この名がつけられた。

……と、こう来て、ここまで本書を読み進めて来られた読者には、もうおわかりであろう。この「砂粒」は、じつは宿主由来の「リボソーム」なのである。

アレナウイルスは、モリウイルスのように中途半端に宿主のリボソームタンパク質だけを持ち出すようなことはしない。宿主の「リボソーム」そのものを、持ち出してしまうのである。

持ち出して何をするのかというと、これがまたよくわからない。もし彼らが粒子内でタンパク質を合成しようとすれば可能なように思えるが、そのためにはトランスファーRNAやアミノアシルtRNA合成酵素、アミノ酸などが必要となる。しかし、アレナウイルスがこれらを保有しているという証拠は現在までに見出されていないから、粒子内でタンパク質を合成しているわけではないらしい。かといって、宿主への感染メカニズムになんらかの影響をもたらしているのかといえば、どうもそのようなこともないらしい。

謎のウイルスである。彼らに〝野心〟のようなものがあって、「いずれはこの手でタンパク質を！」と思っているとしたら、私としては全力で応援したいと考えているが、もちろん彼らがそのようなことを思っているわけはない。

いったいなぜ、アレナウイルスは宿主のリボソームを持ち出すのか。

いったいなぜ、モリウイルスは宿主のリボソームタンパク質を持ち出すのか。

進化に目的はない。しかし、私たち人間はそこに、何らかの説明を試みたいと思う生き物だ。

それはもしかしたら、ウイルスの世界と細胞性生物の世界の境界をさまよう、ウイルスたちの〝試行錯誤〟なのか。そしてリボソームもまた、各種の遺伝子と同じように、水平移動することができる、とでもいうのか。

アニメ『妖怪人間ベム』では、妖怪人間として生まれたソレが、早く人間になりたくて世の中の悪と戦う。ウイルスもまた、早く細胞性生物になりたくて、その象徴たるリボソームを獲得しようと努力しているようにも見えるではないか。

それとも、アレナウイルスがリボソームを囲い込み、モリウイルスがリボソームタンパク質を持ち出すのには、別の理由があるのか。

いよいよ次章では、ウイルスと細胞性生物の関係について再考してみたい。もしかしたらその過程で、彼らの〝真意〟が見えてくるかもしれない――。

第4章

ゆらぐ生命観

——ウイルスが私たちを生み出し、進化させてきた!?

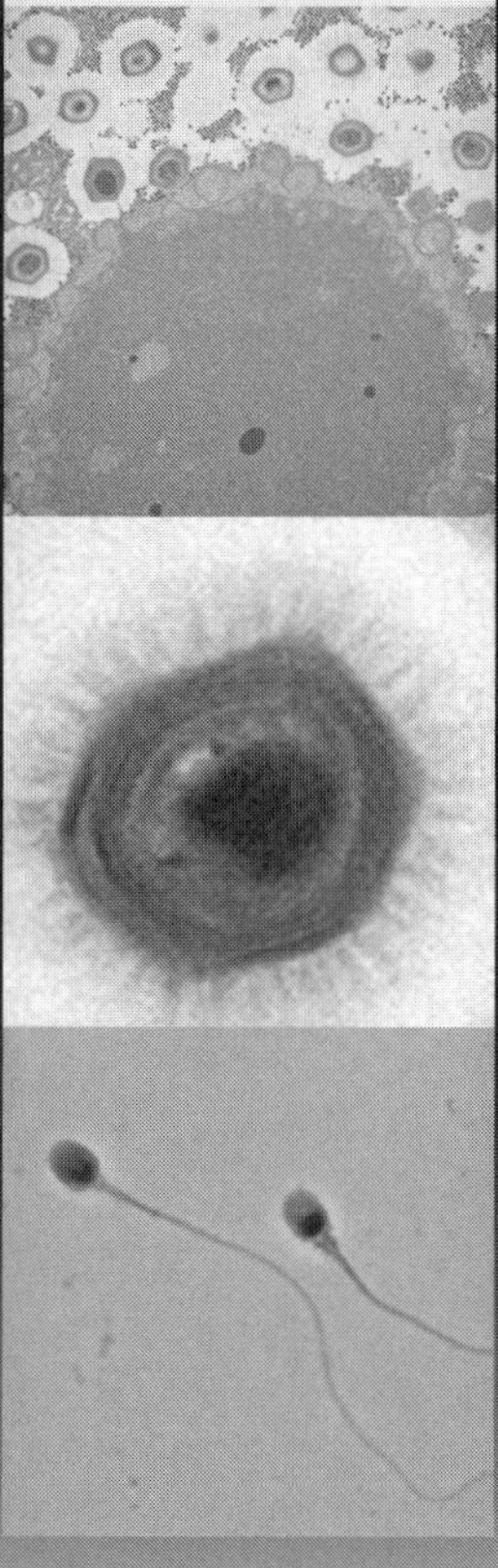

いよいよ本書も、佳境に差しかかってきた。

私はこれまで、あえて生物学の常識に真っ向から立ち向かうような本をいくつか書いてきた。「妖怪を生物学的に解剖して遊ぶ」などという試みは論外としても（『ろくろ首の首はなぜ伸びるのか』新潮新書など）、たとえば『脱DNA宣言——新しい生命観へ向けて』（新潮新書）では、「生命現象の主役はRNAであって、DNAなんて単なるバックアップにすぎない」なる主張を展開し、大いに呆れられたものであった。

本書のスタンスもまた、『脱DNA宣言』のそれに似ている。要するに、これまでのウイルスに対する人々のイメージを、ほぼ百八十度覆そうという試みであり、その意味では『脱DNA宣言』よりも挑戦的であると、自分ではそう思っている。

ただ残念なことに、そうした「コペルニクス的転回」を本書においてなそうと思っているバックグラウンドにあるものは、私自身の仕事ではなく（ある程度、それに関わってはいるのだが）、フランスの微生物学者パトリック・フォルテール博士の提唱している考え方である。

後で述べるが、パトリック（とよばせていただく）とは、二〇一六年九月に彼が来日した折に、東京工業大学で行われたウイルスワークショップで一緒に講演をしたことがある。一緒にとはいっても、私のは単なる前座で、パトリックの興趣あふれる名演とは比ぶべくもない。齢《よわい》六〇を過ぎ、円熟の極みに達しつつあるパトリックからすれば、私など若造も若造、単なるものを知らない東洋の一研究者にすぎないだろう。

しかし、その主張する説の先鋭さと、その「異端さ」とはかけ離れて、きわめて優しい口調の持ち主で物腰のやわらかい紳士であるパトリックは、ある程度リップ・サービスの要素があったかもしれないが、その講演の中で、私の「ウイルスによる細胞核形成説」に言及してくれたのであった。

4-1　細胞核はウイルスが作った!?

細胞核はどう作られたのか？——謎への挑戦

名古屋大学助手だった二〇〇一年、私は、真核生物の細胞核がウイルスによってもたらされたとする論文を、米国で発行されている分子進化雑誌「Journal of Molecular Evolution」上で発表した。私がこの仮説を提唱するにいたった経緯については、すでに拙著『新しいウイルス入門』（講談社ブルーバックス）で詳しく書いたので、お知りになりたい方はそちらを参照していただきたい（本書の筋とは直接は関係ないので）。

私の論文から数ヵ月後、オーストラリアの微生物学者フィリップ・ベルもまた、同様の、しかし私より数段精緻な解析に裏づけられた論文を、同じ雑誌ののちの号で発表した（図49）。論文

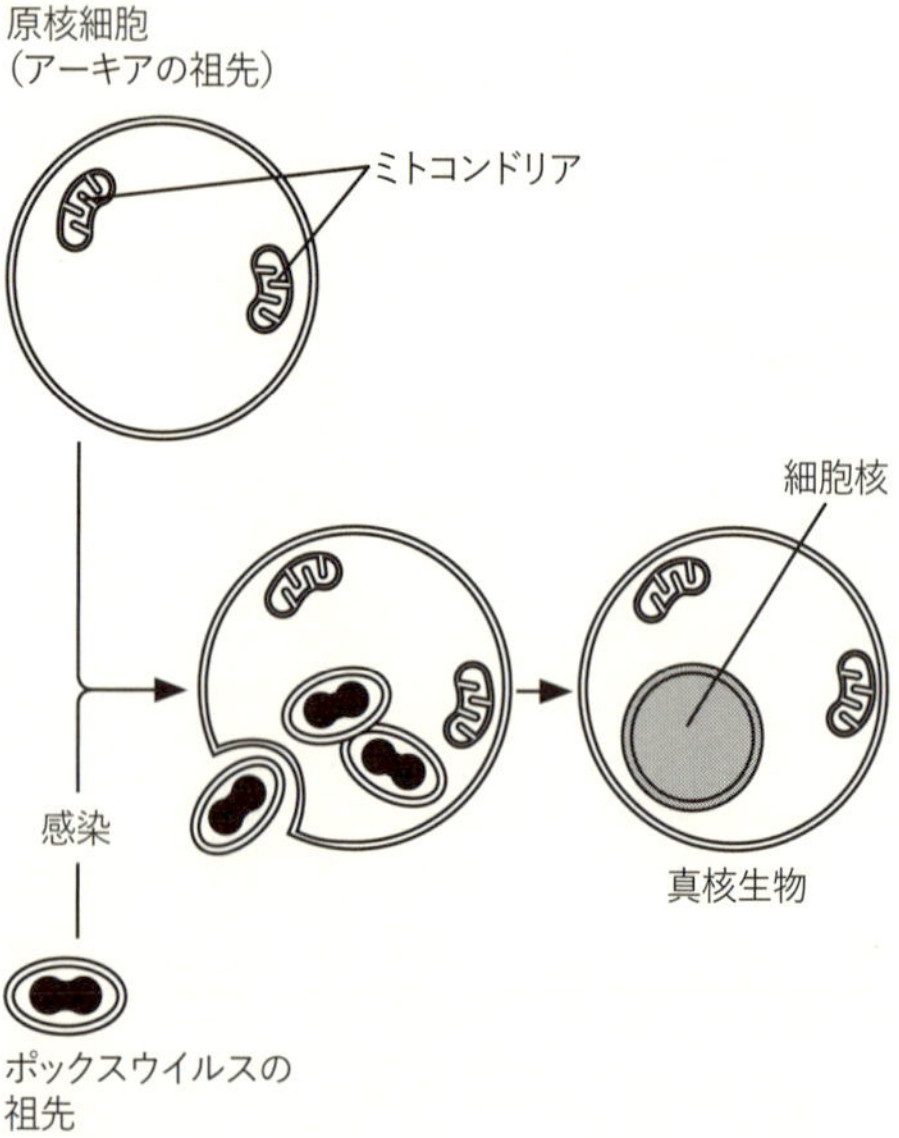

図49　ウイルスによる細胞核形成説（2001年）

私もベルも、真核生物とアーキアの祖先にあたる細胞（おそらくすでにミトコンドリアは存在していた）に、ポックスウイルスの祖先が感染し、それがやがて細胞核を作り出し、真核生物が誕生した、と考えた。

が受理されたのは、私の論文が二〇〇一年一月で、ベルの論文が同年三月。出版こそ私の論文のほうが早かったが、私もベルも同時期に、ほぼ同じことを考えていたことになる。

　真核生物の細胞核がどのようにして形成されたのかについては、二〇世紀後半から多くの研究がなされているが、いまだそのプロセスはよくわかっていない。しかし当時、英国の著名な生物学者トーマス・カヴァリエ＝スミスらの研究によって、どのようなプロセスを経て、真核生物とアーキアの共通祖先に細胞内膜系が生じ、やがて核膜が生じたかに関して、多くの説得力ある説が提唱されていた。そこには一見、ウイルスが入り込む余地はないかのように見えたため、私とベルによるこの仮説は、しばらくはほとんど顧《かえり》みられることがなかった。

真核生物の誕生に関する有名な説に、「細胞内共生説」という米国の生物学者リン・マーグリス（一九三八～二〇一一年）が提唱した学説がある。これは、真核細胞の「細胞小器官（オルガネラ）」として知られるミトコンドリアと葉緑体が、もともとはそれぞれ好気性バクテリア（α《アルファ》-プロテオバクテリアと考えられている）と光合成バクテリア（シアノバクテリアと考えられている）であって、それが真核生物の祖先の細胞（アーキアに似たバクテリアであったと考えられている）と共生し、やがてミトコンドリアと葉緑体へと進化した、とする学説だ。こちらはすでにほぼ確立した学説で、生物学の教科書であれば、高校の教科書も含めてほぼすべてに掲載されている。

ところが、細胞核がどのようにできたのかについては、カヴァリエ＝スミスらの膨大な研究があるにもかかわらず、「細胞内共生説」のような確立された学説は存在しない。その理由はおそらく、細胞核が細胞内膜系の進化と切っても切れない関係にあることと、ミトコンドリアや葉緑体のようなわかりやすい例（もともとは生物だったという、直截的なわかりやすさ）と比べて、分子系統学的解析によってもその起源がいま一つよくわからないという難解さにあるのだろう。

細胞内膜系が、細胞膜が内側に陥没するようにして生じたことは、カヴァリエ＝スミスのみならず、多くの生物学者が共通して考えていることだろう。しかし、その細胞内膜系の最も進化した形であるともいえる「核膜」が形成されるにあたって、いったいどのような「きっかけ」が存在したのか。なんらかのきっかけがなければ、細胞核のような複雑な構造体がいきなりポンとできるわけがない。いくつかの説はあるにせよ、この部分はじつはまだ、ブラックボックスのままなのである。

ポックスウイルスの「ウイルス工場」による後押し

じつのところ、私が書いた二〇〇一年の論文は、自分から見ても結構な穴があった。

私の論文ではまず、DNAポリメラーゼの分子系統解析から、ポックスウイルスのDNAポリメラーゼと真核生物のDNAポリメラーゼ（のうち、DNAポリメラーゼα）とが比較的近縁であることを確かめた。さらにポックスウイルスの特徴である、宿主の細胞質でのみ増殖し、細胞核は必要がないことなどを考慮の内に入れて、ポックスウイルスの祖先にあたる大型DNAウイルスが、DNAポリメラーゼαの機能と密接な関係をもつ細胞核を、真核生物（の祖先）にもたらしたのではないかと考えたのである。

しかしながら、じゃあどのようにして、そのポックスウイルスの祖先が細胞核を作ったのかについては完全にお茶を濁しており、論文中の図の一つでは、あたかもポックスウイルスそのものが細胞核へと「変貌」したかのように描いていた。本文では、ポックスウイルスの内部にある脂質二重膜が、ポックスウイルスがファゴサイトーシスによって宿主細胞に取り込まれた際に、ファゴソームの膜（この言葉は使っていなかったが）と内部脂質二重膜が融合するようにして初期細胞核ができたのではないかと記述していたが、今から振り返ると、今一つはっきりとしない説明ではあった。

もしこの論文で、ポックスウイルスの祖先が宿主である細胞になんらかの影響を与え、細胞内膜系が核膜へと進化する「きっかけ」となったなどと、もっともらしく議論していれば、少しは注目されたかもしれない。

しかしながら、心強い〝味方〟も現れた。すでに第2章でご紹介したように、ポックスウイルスは、宿主の細胞内で、核膜と同じように小胞体由来の脂質二重膜で包まれた「ウイルス工場」を作ることが知られている。そのことを報告した論文が発表されたのは私の論文発表と同じ二〇〇一年。このウイルス工場の存在は、我が仮説を幾分でも後押ししてくれる状況証拠の一つとなったのである。

その後、二〇〇三年にミミウイルスが発見され、そのウイルス工場と、彼らのふるまいが明らかになっていくにつれ、我が仮説はさらに、幾分でも後押しされたような状況になっていく。

ウイルス工場と細胞核の類似性

第2章の最後で、私はこのように書いた。「ウイルス工場のこうした性質は、じつは〝あるもの〟を彷彿させる。……それは細胞核だ」と。

「ウイルス工場のこうした性質」とは、どのような性質であったか。

まず第一に、その内部には非常に大量のDNAが存在し、その複製がさかんに行われているということ。第二に、完全ではないにせよ、宿主の小胞体に由来する脂質二重膜、もしくはその断片化した膜成分によって、周囲が覆われているということ。そして第三に、宿主のリボソームはその中にはなく、周囲に〝押し退けられるかのように〟配置されているということ（図50）。

ウイルス工場のこうした性質がなぜ、細胞核を彷彿させるのか。

第一の点に関しては、細胞核にもまったくこれと同じことがいえる。細胞核の内部に存在するのは、その生物のゲノムたる大量のDNAであり、細胞分裂が行われるに先立って、そのDNAが複製される（ただし、ウイルス工場におけるウイルスDNAとは違って、一度きりだが）。

第二の点に関しては、細胞核は「核膜」とよばれる、脂質二重膜がさらに二重になった膜によって包み込まれているということ。核膜は、細胞質に展開されている小胞体と物理的につながっているため、成分の面からは小胞体とほぼ同じであるとみなすことができる。

第三の点に関しては、細胞核の中には基本的にはリボソームが存在せず、核膜の外部領域たる

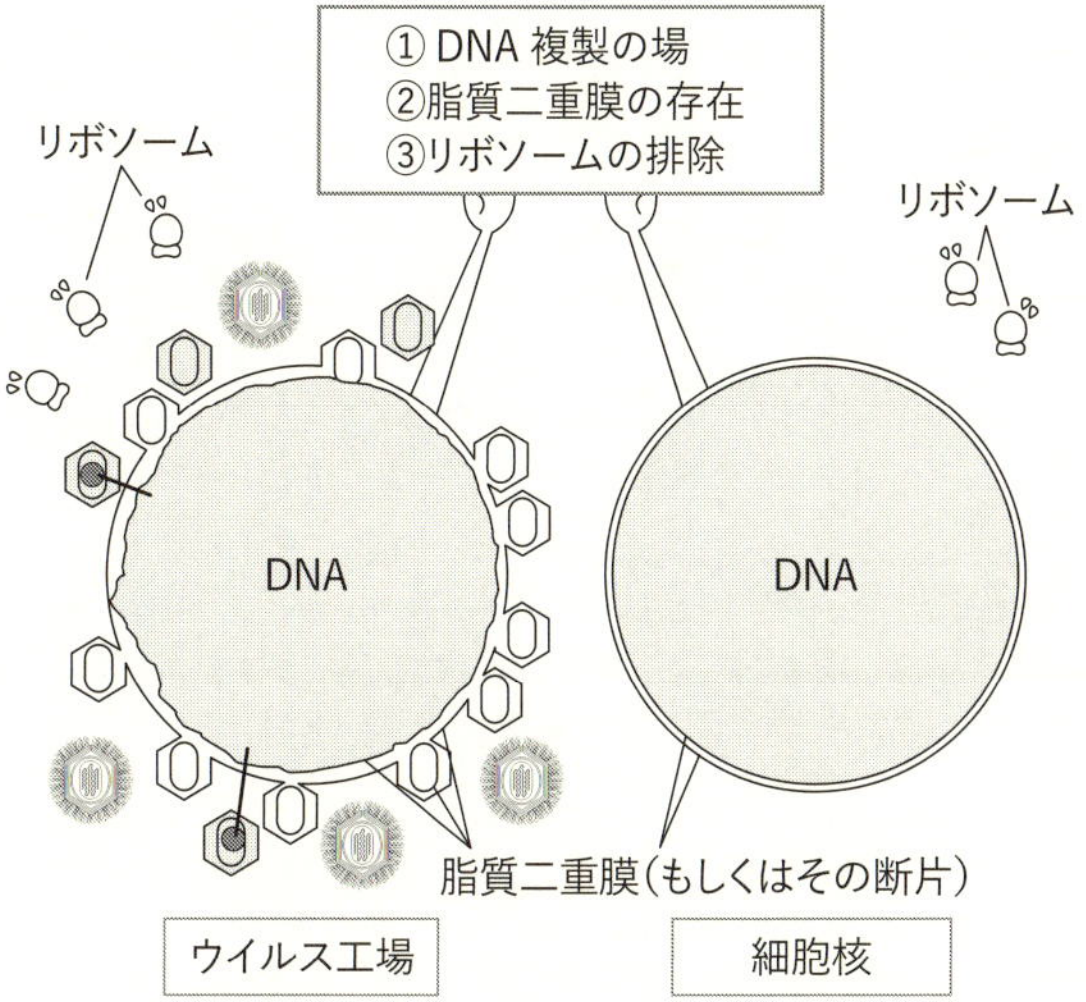

図50　ウイルス工場と細胞核の3つの類似性

細胞質にのみ存在するということ。「基本的には」といったのは、171〜174ページのモリウイルスによるリボソームの持ち出しのところで述べたように、真核生物の場合、リボソームは細胞核内の「核小体」とよばれる領域で合成され、それが核膜から外へ出されるためであり、いってみれば組み立てられている途中の未成熟なリボソームは、細胞核内に一時的とはいえ、存在するからである。しかし、「成熟したリボソーム」は細胞核内にはない（これについては興味深い研究があるが、ここでは述べない。拙著『巨大ウイルスと第４のドメイン』を参照されたい）（図50）。

これらの類似性が、いったい何を意味しているのか。勘のよい読者であれば、すでにお察しであろう。

真核生物の細胞核は、その祖先細胞がウイルス工場を形成するようなウイルスに感染した後、そのウイルス工場がやがて進化してできたものではないか、というシナリオが考えられるということである。

むろん、たった一回の感染でいきなりボコンと、ウイルス工場だったものが細胞核になったというわけではあるまい。そこにはきわめて気の長い、細胞とウイルスの相互作用と、両者における絶妙な変化が必要であったはずなのだ。

細胞核はこうしてできた

そのシナリオを想像してみよう（図51）。

まだ細胞核がなかった宿主細胞（すなわち原核生物。おそらくはアーキアの仲間）に、ウイルス工場を形成するようなウイルスが感染した。これがＮＣＬＤＶの祖先であると、ここでは仮定しよう。

感染し、ウイルス工場が作られ、そこから飛び出た新たなウイルス粒子がまた次の細胞に感染し、そこでもウイルス工場が作られ、さらにそこから飛び出た新たな粒子が……といった具合に、何回も何回も、何回も何回も、それこそ気の遠くなるほどの長い期間をかけて数多くの感染を繰り返すうちに、宿主の細胞やウイルスの遺伝子に起こった突然変異が、徐々に二つの「生物」の相互作用のありようを変えていった。

たとえば、ウイルス工場を形成する遺伝子のうち、小胞体膜を周囲に引き寄せる役割をする遺伝子がなんらかの突然変異を起こし、あたかもポックスウイルスのように、小胞体の断片ではなく、小胞体そのものを周囲に配置できるようになった。あるいは、ウイルス工場がウイルス粒子を生産し終えても、その小胞体膜は崩壊せずにそのまま居続けるようにコントロールする遺伝子が進化した。そのようなことが起こったのではないか。

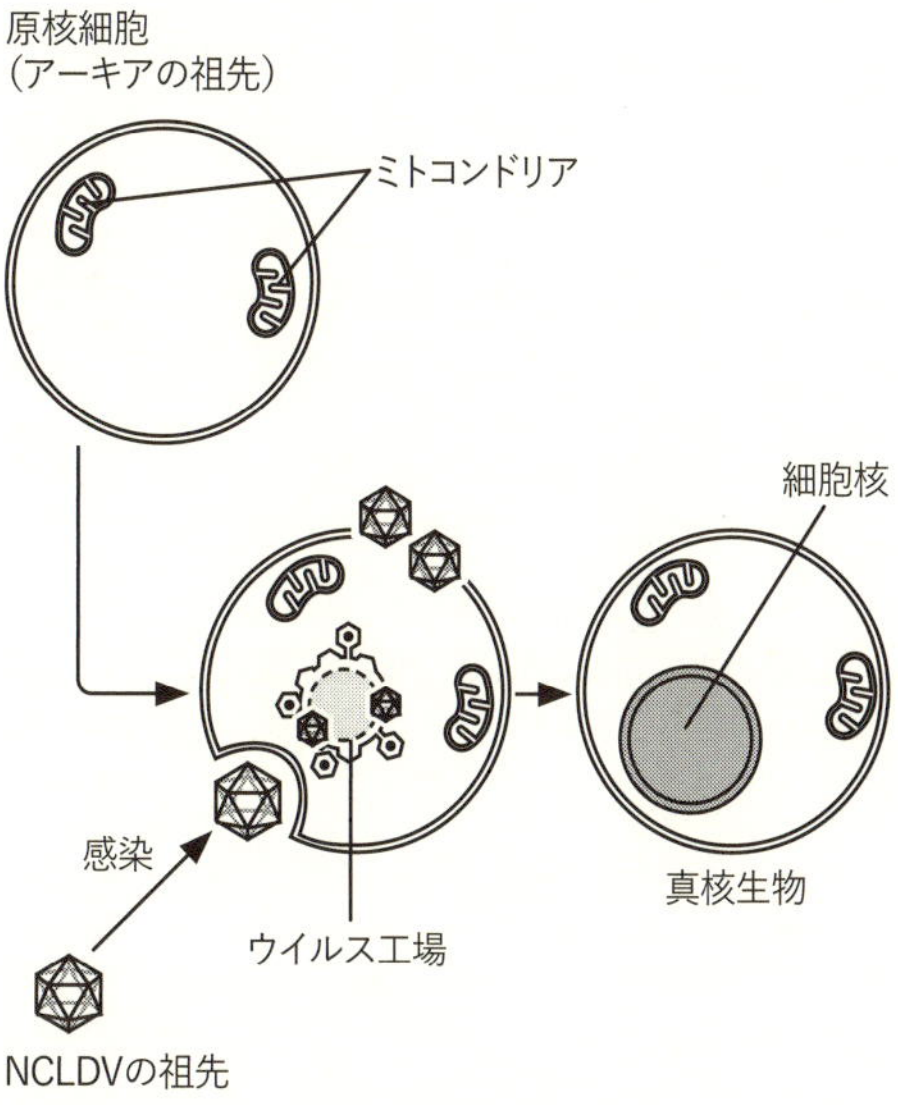

図51　ウイルスによる細胞核形成説（2016年）

真核生物とアーキアの祖先にあたる細胞に、NCLDVの祖先が感染し、それが作り出すウイルス工場がやがて細胞核へと進化し、真核生物が誕生した。

すなわち、そのウイルスが感染しても宿主の細胞は死なないようになり（あるいは、もしそれが自然宿主であったのなら、もともと死なないということもあったわけだけれども）、その細胞質に形成されたウイルス工場が、ウイルス粒子を生産し終えてもそのまま恒久的に居残るようになった。

そうして、やがて宿主のゲノムがこの「元ウイルス工場」の内部に包み込まれるようになり、細胞核へと進化していった（図51）。

さあ、この最後のプロセスが難問だ。ウイルス工場は、あくまでも「ウイルスのための」区画であるから、宿主のゲノムはその中にはない。いったいどのようにすれば、宿主のゲノムが「元ウイルス工場」たる小胞体膜に包み込まれるように仕向けることができるだろう？

ここでカギとなるのが、米国ＮＣＢＩ（国立生物工学情報センター）の生物学者ユージン・クーニン博士らによる興味深い仮説である。

4-2 「区画化」する意味

イントロン・スプライシングシステム

細胞内共生説における主役の一人である「ミトコンドリア」は、かつて好気性バクテリアであった。すなわち、彼らが私たちの祖先細胞に入り込んだことで、私たち真核生物は、酸素を利用してエネルギー物質「ＡＴＰ（アデノシン三リン酸）」の生産を効率よく行うことが可能となった。しかし、彼らが私たちにもたらしたのは、それだけではなかった。

私たち真核生物の遺伝子は、ゲノム上ではいくつかの断片に分かれて存在し、アミノ酸を指定している塩基配列が、そうでない塩基配列によって分断されている。アミノ酸を指定している遺伝子の断片を「エキソン」といい、エキソンとエキソンの間にある介在塩基配列、すなわち「分断の犯人」を「イントロン」とよぶ。

私たち真核生物は、ＤＮＡからメッセンジャーＲＮＡを転写する際に、このアミノ酸を指定しない「イントロン」部分もまとめて転写してしまうので、翻訳するまでの間にこの部分をカットしなければならない（図52）。そのカットの方法を「スプライシング」とよぶのだが、じつはこのイントロン・スプライシングシステムを私たち真核生物にもたらしたのが、ミトコンドリア（の祖先である好気性バクテリア）であると考えられているのだ。

ただし、現在の真核生物のスプライシングは、「スプライソソーム」とよばれる「専門家集団」（タンパク質の集合体）が行う反応であり、ミトコンドリアによって当初もたらされたのは、「グループＩイントロン」とよばれる、自分で自分をスプライスすることができるものだった。ミトコンドリアでは今でも、この「自己スプライシング」が起こっている。

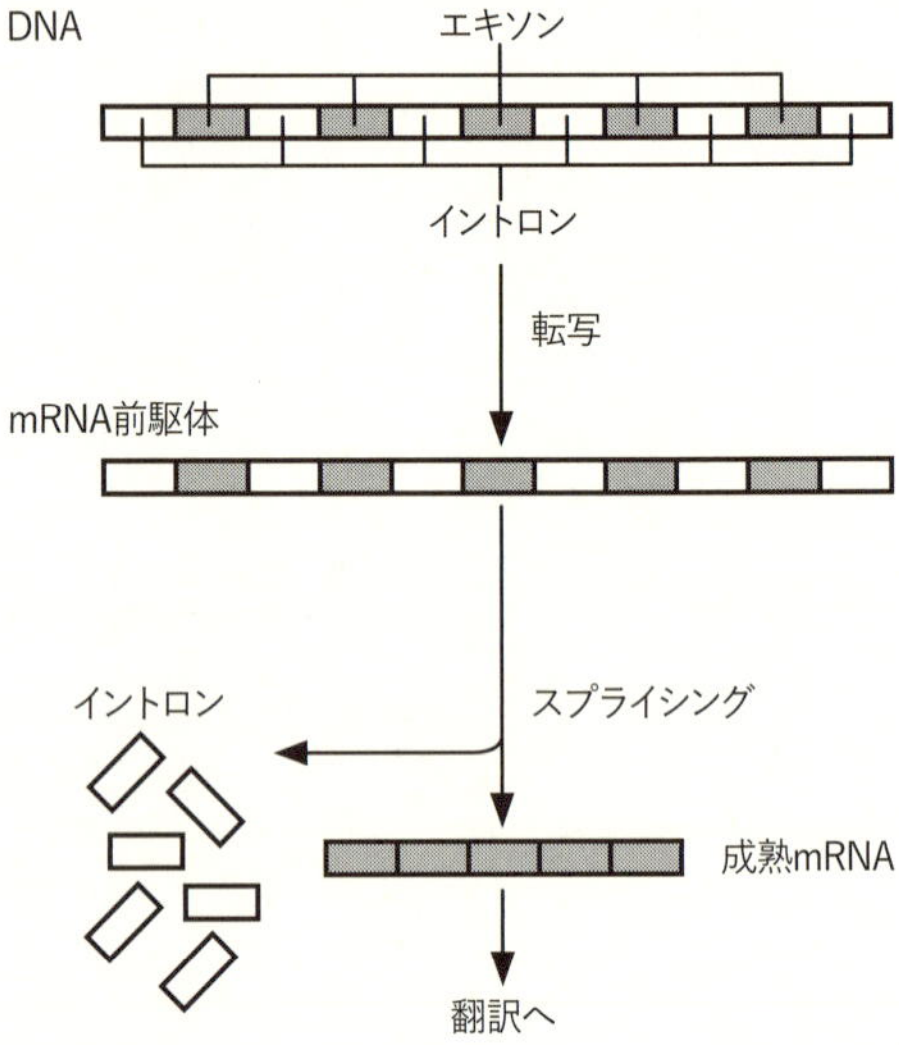

図52 スプライシング

転写の反応では、RNAポリメラーゼはエキソンとイントロンの両方を含めた状態でmRNA前駆体を合成する。その後、「スプライシング」によってイントロンが除去され、成熟mRNAが作られる。この成熟mRNAが、リボソームにおいて翻訳に用いられる。

このイントロン・スプライシングシステムが、細胞核が作られるきっかけになったのではないか、というのが、クーニンらが二〇〇六年に提唱した仮説である。

スプライシングと翻訳の場をなぜ分けるか

イントロンが除去されないままの未成熟なメッセンジャーRNA（メッセンジャーRNA前駆体）が転写されたばかりのとき、もしそのすぐ近くにリボソームがいたとしたらどうだろう。ひょっとしたら、イントロンが除去されないままに、そのメッセンジャーRNAとリボソームが結合してしまい、翻訳が始まってしまうかもしれない。そうなると、アミノ

図53　スプライシングと翻訳の共存は難しい？

酸を指定していないイントロン部分がリボソームの中に入り込んでしまい、翻訳がストップしてしまう事態が起こりかねない（図53）。

そのような事態を避けるためには、スプライシングが終わるまで、リボソームをメッセンジャーRNA前駆体に近づけなければよい。そのための最も単純かつ明快な対処法は、スプライシングの場を膜か何かで囲んでしまい、リボソームにはその外に待機しておいてもらうという方法である。そうすれば、スプライシングの最中に、それをリボソームに邪魔されてしまうことはない。

その代わり、スプライシングが終わり、エキソンだけがつながって成熟したメッセンジャーRNAを、今度はどうやってリボソームとコンタクトさせるかという問題が生じる。

いったん囲んだ膜を壊し、ふたたびリボソームを引き寄せる手もないではないが、せっかく作り出した膜を壊すのは、いかにも非効率なやり方である。しかも生物というものは、長い進化の過程を経て徐々に自らを変化させていくものだから、おそらくは効率が悪くムダなシステムを、そう簡単には作らないであろう。

スプライシングの場であるゲノムDNAを含めた大きな領域を、手っ取り早くすぐ周囲にあった小胞体の膜で取り囲む——すなわち、今でいう「細胞核を作る」作業は、細胞性生物にとってはじつは大きな決断であり、私たちが家を買うとか土地を買うとか、そんなことよりももっとずっと重要かつ大変なことだったに違いないのだ。

そこで細胞性生物は、より体が小さく、軽自動車のように小回りが利く成熟したメッセンジャーRNAのほうを、膜の外側まで、核膜に無数に空いた穴である「核膜孔」を通じて移動させ、そこでリボソームと出会わせることで、翻訳に供せられるようにしたのであろう。

カヴァリエ＝スミスらの研究によって、小胞体膜に存在するある種のタンパク質と、核膜孔に存在するタンパク質との間に相同性（アミノ酸配列が同じであること、あるいはその率）が高いことが明らかになっており、核膜の進化的な由来が小胞体膜であることはほぼ間違いない。

もしほんとうに、ミトコンドリア（の祖先である好気性バクテリア）の共生がきっかけとなって細胞核ができたのであれば、私たちの細胞はじつに、そのしくみの多くがバクテリアのおかげであるといえるのである。

「必要」に迫られた私たちの祖先

しかしである。

好気性バクテリアの共生が、それ自身をミトコンドリアへと進化させ、さらにイントロン・スプライシングシステムを真核生物にもたらしたというシナリオは十分にイメージできる。だが、たとえ必要に迫られたとはいえ、小胞体膜が都合よく、ゲノムDNAを丸く取り囲むことができるものだろうか？

「必要に迫られる」という言い方には、多分に私たち人間の感覚が入っている。細胞性生物（とりわけ細胞）は、私たちのようにほんとうに必要に迫られて「精神的な」ストレスを感じるような状況にはならない。彼らは「精神的な」ストレスを感じないが、細胞生理学的な機械的ストレスは感じることができ、それ相応の反応を起こすことはできる。

彼らは、私たちが必要に迫られてなんらかの対策をとるような、いわゆる目的論的には、対策をとることはしない。じゃあ何をするのかといえば、ランダムに生じる突然変異によって、さまざまな試行錯誤ができるような多様性を、自然に作り出すのである。多様性に富む中で、その「必要」に対処できるようなものだけが、絶滅せずに生き残る。

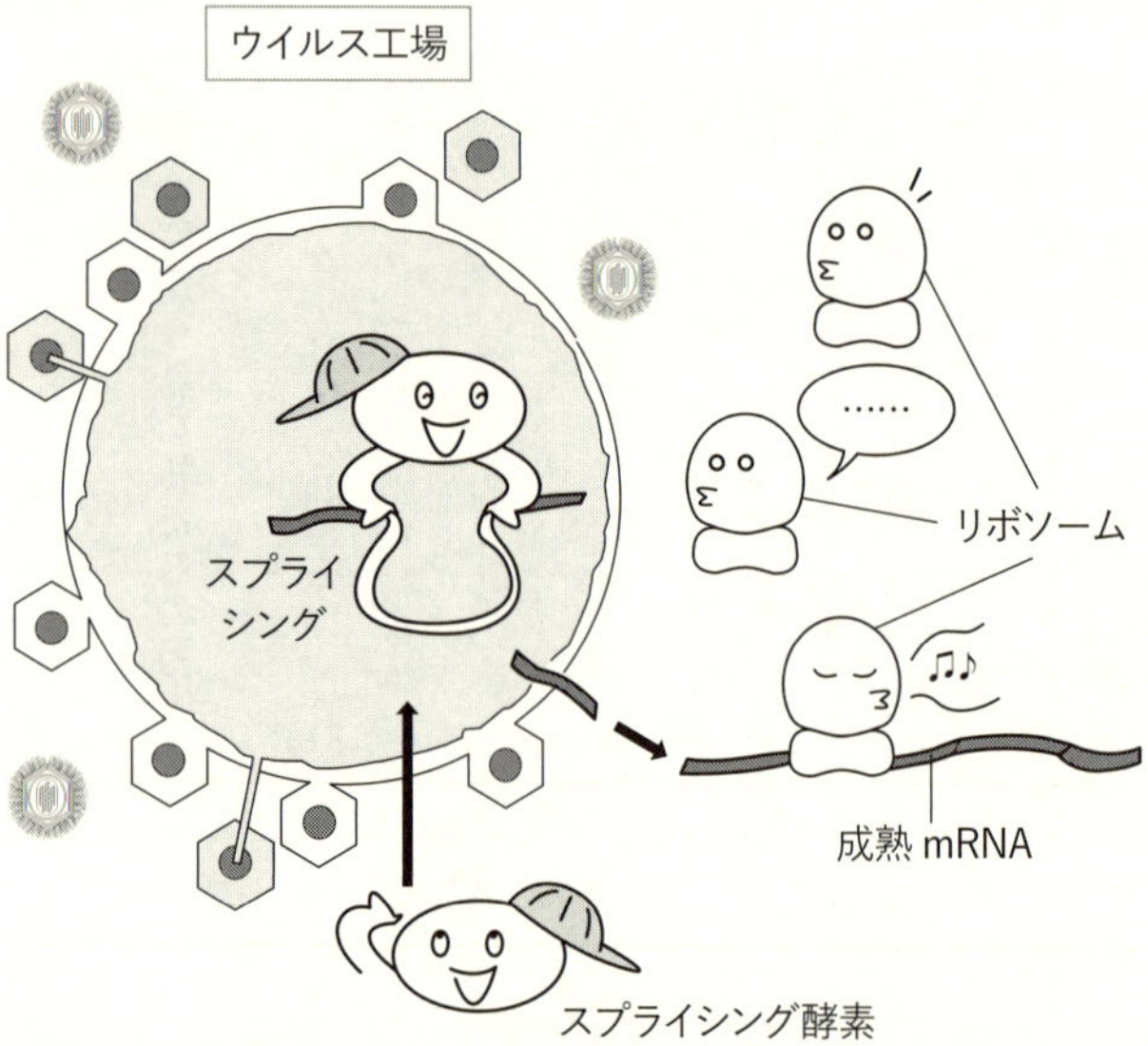

図54 ウイルス工場は、スプライシングの場の区画化に利用されたのか？

スプライシングをリボソームから離れた場所で行うことにより、時間的整合性（スプライシングが終わったものだけが区画の外に出され、リボソームと結合できる）が保たれる。

イントロン・スプライシングシステムが好気性バクテリアによってもたらされたとしても、細胞はすぐに「はい、わかりました！」とばかりに細胞核を作ったわけではない。偶然にそういうものを作っていた細胞が生き残り、私たち真核生物の祖先となったのだ。

では、そういうもの（細胞核の元になった、ゲノムを囲う膜）を偶然に作っていたのは、どういう細胞だったのか？　そこで、「もしそれが、ウイルスに感染していた細胞だったとしたら？」という仮定が登場する

（図54）。

ウイルス——、たとえば、本書のテーマである巨大ウイルス（あるいはＮＣＬＤＶ）の祖先のウイルスが、真核生物の祖先の細胞に感染し、そこで巨大な「ウイルス工場」を作っていたと仮定すれば、これが「そういうものを偶然に作っていた細胞」の最も有力な候補となるではないか。

共生された細胞の立場に立てば、ミトコンドリアも葉緑体も、あたかもエイリアンによる侵略のように、いわば「外部からの侵入」によってもたらされたものである。細胞構造の劇的な変化には、得てしてこうした「外部の力」が大きく関わったとする説は、すでにこの細胞内共生説がほとんどの生物学者の支持を得ていることからも、多くの人に認められていることがわかる。

そうであれば、ミトコンドリアよりも、そして葉緑体よりも大きく複雑な細胞核もまた、その構築に「外部の力」が関わっていたと考えるのは、ごく自然のことであろう。

ウイルスがダメを押したのか？

ミトコンドリアへと進化した好気性バクテリアによる「きっかけ」は、大きな選択圧（進化のしくみの説明に用いられる言葉で、ある生物を進化させる自然選択の作用のこと）になったであろうが、それを受け止めることができたのは、おそらくその「外部の力」——すなわちウイルス

——によってすでに大きな構造体である「ウイルス工場」を作っていた細胞だったのではないだろうか（図54）。

イントロン・スプライシングシステムが入り込んできて、スプライシングと翻訳のタイミングがズレてしまい、どうにもこうにもしようがなくなったところに、「ウイルス工場」なるものができては消え、できては消えする状況が生まれたとき、そのウイルス工場が細胞核へと進化した。いってみれば、ウイルスによる「ダメ押し」であり、ウイルス工場を覆うほどの小胞体膜の、核膜への「転用」である。

もちろん、その内部でＤＮＡが複製され、小胞体由来の膜が周囲にあり、リボソームが排除されているというこれらの点は、あくまでも「ウイルス工場と細胞核がもつ類似した点」にすぎず、「だから、細胞核はウイルス工場が進化してできたものなんだ」と断定する証拠にはならない。なぜなら、この考え方にはまだ、克服すべき課題があるからだ。

小胞体に由来するウイルス工場の膜を、核膜として「転用」するのはいいとしよう。では、宿主のゲノムはどのようにして、その「元ウイルス工場の膜」に囲まれたのか？　前節の末尾でも提示したこの問いかけに答えなければならない。

ウイルス工場はあくまでもウイルス工場であり、その膜が包み込むのはウイルスのゲノムだ。決して宿主のゲノムではない。いったいどのようにして「ウイルスと宿主のゲノムがミックス」

されたのか。その説明が、ウイルス工場が細胞核へと進化したことを矛盾なく説明できるようでなければならない。

——今はそうだけれども、昔のことはわからないサ。ウイルス工場の周囲が膜によって取り囲まれたとき、宿主のゲノムが偶然、取り込まれただけなのサ。なにしろ、私たちの祖先になった生物は当時まだアーキアだったし、ゲノムの大きさもそれほどでもなかったに違いないしネ。そういって逃げることは簡単だが、それではもちろん、説得力のある説明にはならない。

アレナウイルスが宿主のリボソームを偶然囲い込んだり、モリウイルスが宿主のリボソームタンパク質を偶然囲い込んだりするのと同じように、小胞体の膜も偶然、宿主のゲノムとウイルスのゲノムを一緒に囲い込んだりしたのかもしれない——そう説明することはできる。実際、真核生物のゲノムは、バクテリアとアーキアのゲノムの混在型だといわれている。さらには、イントロン・スプライシングシステムが入り込んできたとき、ミトコンドリアをもたらした好気性バクテリアのゲノムと宿主のゲノムが混ざったことも、クーニンらによって示唆されている。

ということは、ウイルスゲノムと宿主のゲノムとの間にも、かつて同様の混在が起こった可能性は否定できない。その混在が、たまたまウイルス工場を巻き込んで起こったことにより、ウイルス工場の膜が核膜へと進化したのではないか——。

いずれにせよ、そのような考えを精査しながら、なんらかのエヴィデンス（科学的裏づけ、証拠）をつかむことは大切である。そういう思いを抱きながら、私は今日も研究を続けているのだが、説得力のある解答が得られるのには、まだ相当な時間がかかりそうである。

4-3 ウイルスとは何か

ウイルスがもたらした遺伝子

ウイルスが作り出すウイルス工場が、私たち真核生物の「細胞核」を作り出したとなると、ウイルスの生物界における重要性は俄然、その意味を増してくる。一方で、そもそも最近の研究によって、ウイルスが私たち生物の進化にきわめて重要な役割をはたしていることが明らかになってきてもいるのだ。

最もよく知られているのが、私たち哺乳類を哺乳類たらしめている最重要器官の一つ「胎盤」の形成過程に関与する遺伝子の話だ。私も前著『新しいウイルス入門』で紹介しているが、ここで改めて概要をおさらいしておこう。

私たちヒトのゲノムは、三二億塩基対もの長さをもつ。ミミウイルスゲノムを一二〇万塩基対とすると、そのおよそ二七〇〇倍にもなるサイズだ。ところが、この長大なゲノムのうち、遺伝子に該当するのはわずかに一・五〜二・〇％程度である。

じつに、ヒトゲノムの最も大きな領域にあたる四〇％以上にもわたる部分は、かつてウイルス（ならびにそれとふるまいがよく似たもの）が感染した名残《なごり》であると考えられている。もともとはウイルス（ならびにそれとふるまいがよく似たもの）がもっていた塩基配列であったらしい。ウイルスとふるまいがよく似たものとは、「レトロトランスポゾン」のことだが、本書では扱わないので、興味のある方は成書を参照されたい。

というわけで、私たちのゲノムには、ウイルスが感染した名残である、いわば水平移動した塩基配列がわんさか存在していることになる。そうした塩基配列のうち、あるものは〝現役の〟遺伝子として実際にはたらいている。その一つが、「胎盤」の形成過程に関与する「シンシチン」とよばれる遺伝子である。

この遺伝子はかつて、「レトロウイルス」とよく似たウイルスが私たち哺乳類の祖先に感染した際にもたらされた遺伝子であるとされる。レトロウイルスとは、ヒト免疫不全ウイルス（エイズウイルス）やヒト成人Ｔ細胞白血病ウイルスなどに代表される、自分自身はＲＮＡをゲノムとしてもっているが、感染した細胞においてそのＲＮＡから逆転写反応によってＤＮＡを作り出し、宿主細胞のゲノムに組み込んでしまう性質をもつウイルスの総称である。

この遺伝子の当初の機能は、レトロウイルスの表面を覆う「エンベロープ」に埋め込まれたタンパク質を合成するというもので、そのタンパク質は細胞に感染する際に重要な役割をはたして

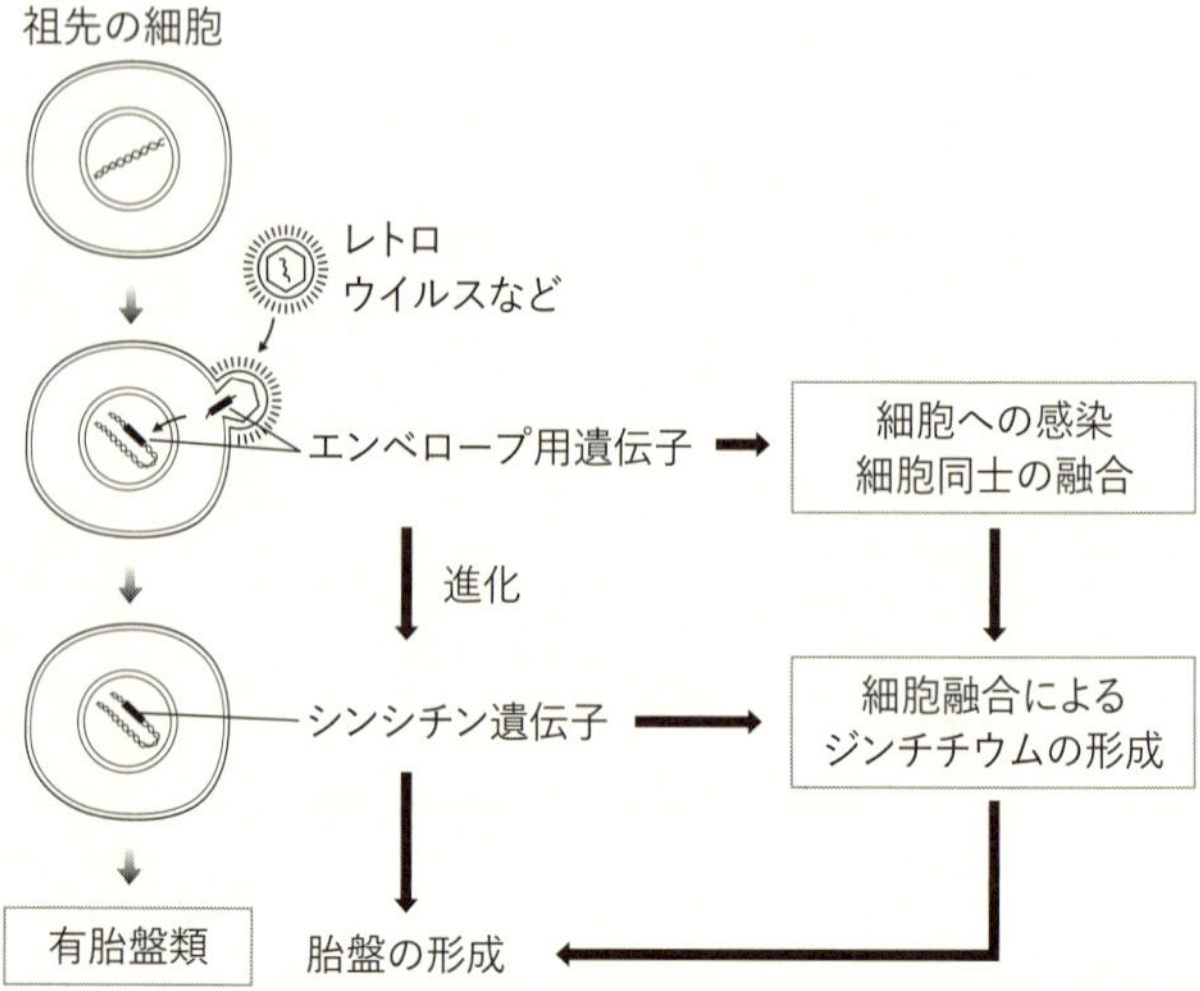

図55　シンシチン遺伝子の進化

レトロウイルスのエンベロープタンパク質は、細胞への吸着に関わるが、それは同時に、細胞同士の融合を引き起こすことがある。ウイルス粒子が仲立ちとなり、細胞と細胞が近接することで、細胞膜が融合するからである。この「エンベロープ用遺伝子」が、哺乳類（有胎盤類）への進化の過程で細胞のゲノムに水平移動し、やがてシンシチン遺伝子（胎盤形成遺伝子）となった。シンシチン遺伝子は、胎盤の元になる細胞同士を融合させ、ジンチチウムという胎盤特有の合胞体を作り出す。

いた。これが、今では私たちの胎盤を形成する遺伝子「シンシチン」としてはたらいているのである（図55）。

その進化のメカニズムはいまだよくわかっておらず、どの程度の遺伝子が一度に水平移動し得るのかもわからないが、進化の歴史を紐解くと、ウイルスと細胞性生物との間には、時としてこの「シンシチン」遺伝子のように、ウイルスから細胞性生物へと、遺伝子が水平移動することがあることがわかっている。ヒトゲノムのじつに四〇パーセントを超える部分がウイルスなどに由来するとなれば、長い進化の歴史の中で、遺伝子の水平移動がシンシチン以外にも数えきれないくらいたくさん生じてきたことが示唆される。

要するにウイルスというのは、私たち細胞性生物の進化にとって、それほどまでに重要な存在であり続けてきたということである。

ウイルスとは何者なのか

ここで改めて、私たちが現在、ウイルスをどう定義しているのかを確認してみよう。

まず、「ウイルス」と聞いてほとんどの人がイメージするのは、やはりインフルエンザウイルスやエボラウイルスなどに代表される「病原性ウイルス」であり、電子顕微鏡で見たときの、その小さな粒子のような（エボラウイルスの場合はミミズのような）形だろう。テレビのニュースなどでウイルスの話題が出るときも、たいていは電子顕微鏡（とりわけ、本書でもこれまでたび出してきたように、薄い切片を作ってそれに電子線を当てて見る透過型電子顕微鏡）で撮影した画像が登場する。

あれは専門的には「ウイルス粒子（ビリオン）」とよばれるもので、ウイルスの本体といえば、このウイルス粒子を指す。

ウイルス粒子は、じつに単純な構成をしている。一般に「正二〇面体」の形をしたタンパク質の殻（カプシド）があり、その内側にゲノム（DNAもしくはRNA）が収納されているという形（21ページ図2参照）。これがウイルス粒子の基本形であり、どんなウイルスもこれを逸脱することはない（正二〇面体というところだけ、それに当てはまらないものがいる。エボラウイルスやパンドラウイルスなど）。

さらにウイルスによっては、カプシドの周囲を「エンベロープ」とよばれる脂質二重膜で覆われている場合もあり、これは宿主の細胞から飛び出す際に、その細胞膜や核膜を引き連れてきたものである。エンベロープをもつウイルスを「エンベロープウイルス」といい、もたないものを「ノン・エンベロープウイルス」という（図2参照）。

巨大ウイルスを含むNCLDVはちょいと特殊で、カプシドの内側に脂質二重膜をもつ（139ページ図36参照）。これは、細胞質内でウイルス粒子が完成するためで、その由来は細胞膜ではなく、先述のとおり核膜や小胞体膜などである。

さて、先ほど述べたように、この「ウイルス粒子」が長い間、ウイルスの「本体」であるとされてきた。最初のウイルスが電子顕微鏡でとらえられたのは一九三五年のタバコモザイクウイルス（タバコの葉にモザイク状の斑点を作り出すことから、こう名づけられた）であり、このときもやはり「ウイルス粒子」の姿がとらえられている。

そもそもウイルスは、かつては「濾過性病原体」とよばれていた。なぜなら、それまでの通常の病原体（バクテリア）は、陶器でできた濾過器（シャンベラン濾過器とよばれたもの）の微小な穴を通り抜けられなかったため、これを利用して除くことができたが、ウイルス粒子はあまりにも小さすぎてその穴をも通り抜けてしまい、病原性を取り除くことができなかったからである。

したがって、ウイルスというネーミング（もともとはラテン語で「毒」を意味する）は明らかに、「ウイルス粒子」を念頭に置いたものである。

「ウイルス粒子目線」を疑う

フランスの微生物学者で、ノーベル生理学・医学賞受賞者であるアンドレ・ルヴォフ（一九〇二〜一九九四年。図56）は、ウイルスとはどのようなものであるかについて、一九五七年の論文で次のように定義している。

①ウイルス粒子の一辺のサイズが、最大で二〇〇ナノメートル以下である。
②核酸を一個（一種類）だけもつ。
③エネルギー産生に関わるシステムをもたない。
④その増殖は、ほぼ核酸の複製と同義である。

図56　ウイルスを定義づけたノーベル賞学者アンドレ・ルヴォフ

（Science Photo Library ／アフロ）

なにしろ今から六〇年も前の定義であるから、その後にいろいろと発見・分離されてきたウイルス（特に巨大ウイルス）は、これらの定義の範疇《はんちゅう》には収まりきらない。今やルヴォフの定義は古いのだが、いずれにせよ彼の思考のうちにも、ウイルスとは「ウイルス粒子」のことであるという前提が厳然としてあったといえる。

日本ウイルス学会のホームページには、ウイルスについて次のような記載がある。

「ウイルスは宿主（ホスト）となる生物の中に入り込んで初めて増殖することができます。そのためウイルスはいつも宿主を求めてさ迷いつづけ、時には宿主となった生物に大きな病気をもたらすことがあります」（日本ウイルス学会ホームページより）

この記載からも、ウイルス学の専門家集団もまた、ウイルスの本体はウイルス粒子であると見なしていることがわかる。

専門書ではどうだろうか。『生命科学のためのウイルス学』（ハーパー著、下遠野邦忠ほか監

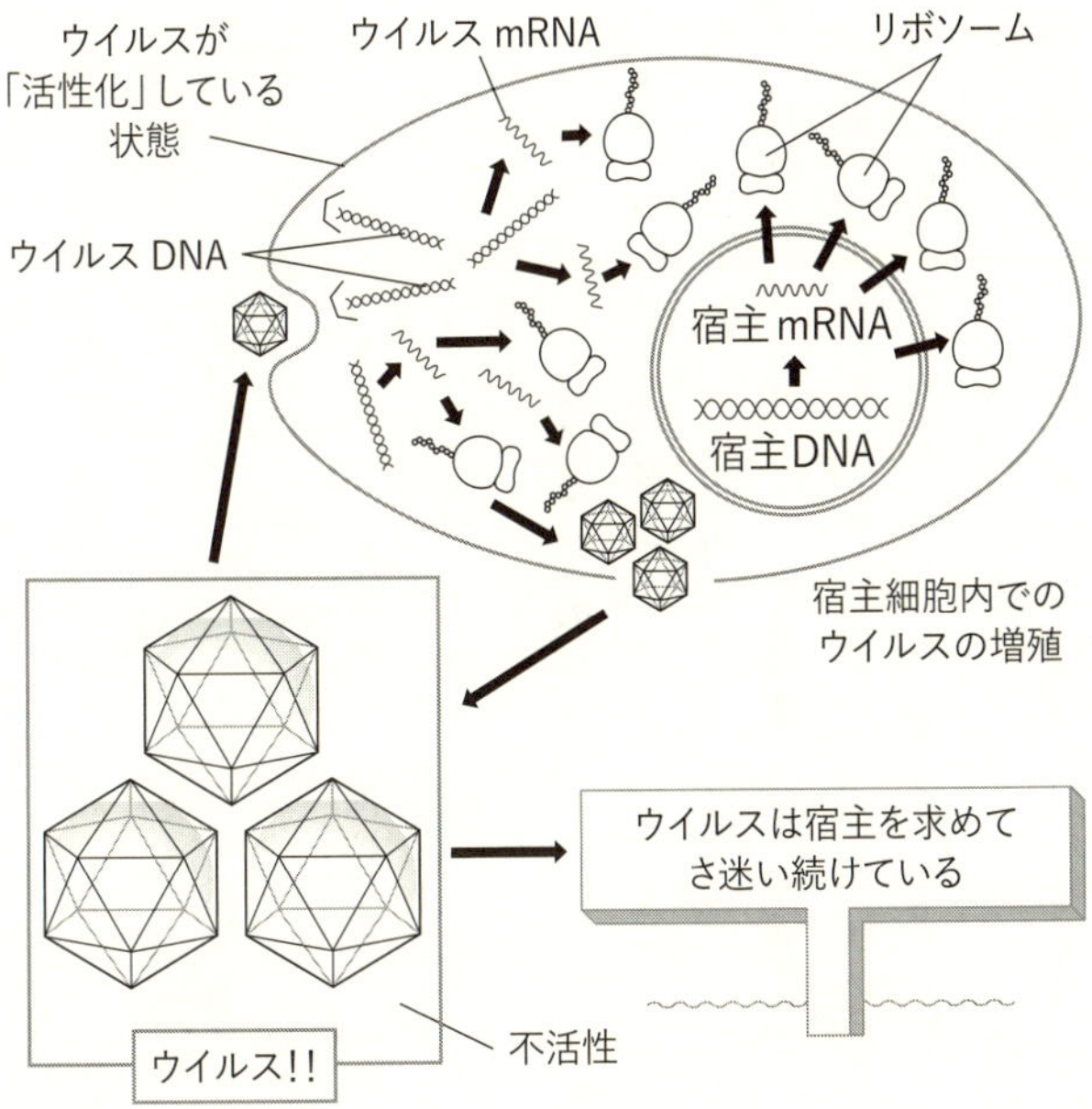

図57　ウイルス粒子目線

あくまでもウイルスの本体は「粒子」であり、それは細胞外にいるときは不活性である。宿主の細胞の中に入り込んで初めて、彼らは活性化できる。したがってウイルスとは、宿主を求めてつねにさ迷い続けている存在である。

訳、南江堂）には、「ウイルスとは、細胞内の生活環に寄生する、細胞より小さな生命体であり、増殖するには細胞の増殖機構を必要とする。つまり、ウイルスは生命を営む可能性を有しているだけで、宿主となる細胞外では代謝活性を発揮できない」とある。

やはり、「ウイルス粒子目線」だ（図57）。

現在のネット情報も見てみよう。ネット最大の百科事典「ウィキペディア」の「ウイルス」の項では、「ウイルスは、他の生物の細胞を利用して、自己を複製させることのできる微小な構造体で、タンパク質の殻とその内部に入っている核酸からなる」とある。

結局のところ、専門家・非専門家を含め、「ウイルス」とはすなわち「ウイルス粒子」のことであり、その前提に立って、さまざまな人がさまざまなことをいっている。かくいう本書でも、第1章で「ウイルスの基本的な形は、『カプシド』というタンパク質でできた殻が、遺伝子の本体である核酸、すなわちDNAもしくはRNAを包み込んだ形である」と述べているのは、結局のところ「ウイルス粒子目線」なのである。

何をもってウイルスというのか

神戸大学・中屋敷均教授が、『ウイルスは生きている』（講談社現代新書）の中でとてもわかりやすい例を書いている。「丸刈りのパラドクス」と彼が名づけたもので、「ある中学生の髪がどこまで伸びたら丸刈りでなくなるのか」という問題をそうよんだのだ。つまり、髪の長さが何センチの時点に「丸刈り」かそうでないかの境界があるのか、いったい誰が決められるんだ？　という話である。これが、ウイルスと細胞性生物の境界にも当てはまるのだという。

これは、ウイルスを研究している者（「ウイルスとは何か」を真剣に考えている者）にとって、避けては通れない難問だ。ルヴォフがウイルスを定義した二〇世紀には触れずにやりすごせたかもしれないが、二一世紀に入り、特に、巨大ウイルスがこれほどたくさん見出されている現状においては、この難問はさらなる難問となる。暴論だが、この難問を解決するには、ウイルスも生物の範疇に組み入れるしかない。

それはともかく、現在のところは、ウイルスと細胞性生物は定義上、明確に分けられている。細胞性生物とは、「細胞からできている」こと、「自己複製する」こと、そして「自分で代謝活動を行う」ことができる者たちだ。いわば「自立」しているもの、ということである（図58）。

一方のウイルスは、「自己複製する」ことこそ当てはまるかもしれないが、その他の条件には明らかに当てはまらない。いろいろな面で「自立」していないからだ。

細胞性生物が「自立」しているのは、細胞膜の存在があって、それによって外界と内部とが明確に分かれており、いつでも「自己」と「非自己」を分け隔てできているからである。これに対してウイルスは、もしウイルス粒子をその本体である

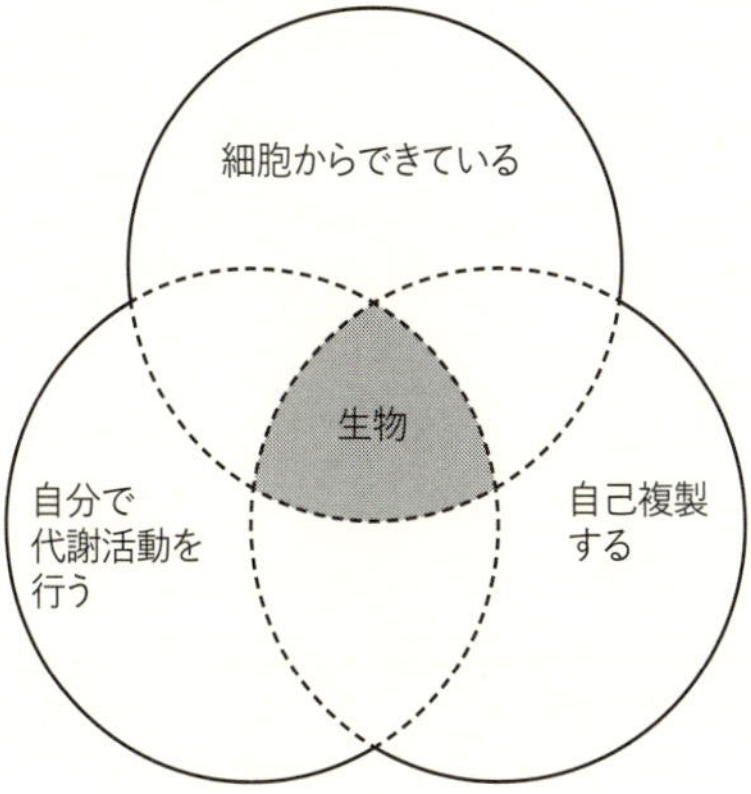

図58　細胞性生物の必要条件

とするならば、ウイルス粒子は感染した宿主の細胞中では完全に崩壊し、暗黒期を生じることから、ウイルス粒子を「自己」とするのであれば、その期間は完全に「自己」が消失し、非自己の中に散逸していることになる。

だからこそ、ウイルスと細胞性生物は明確に分けられている。いや、分けられなければならない、というのがこれまでの常識だった。

しかしながら現在では、こうした定義を揺さぶるさまざまな現象が見出されており、「丸刈りのパラドクス」と同様の状況が起こりつつあるのである。

「リボソーム目線」ではどうか

これまで何度も述べてきたように、すべてのウイルスは細胞性生物のしくみを必要とする。すなわち、ウイルスの生活環の一部は、明らかに細胞性生物のそれと重なっている。

ここで、「リボソーム目線」なるものを想定してみよう。

普通の状態、すなわちウイルスが感染していないとき、リボソームは、自身が所属する細胞性生物のタンパク質を作っている状態にある。別のある時点——ウイルスが宿主細胞に感染し、その中で細胞のリボソームを用いてウイルスのタンパク質を合成している状態——では、リボソームは、ウイルスと細胞性生物のタンパク質の両方を作っている状態、もしくはウイルスのタンパ

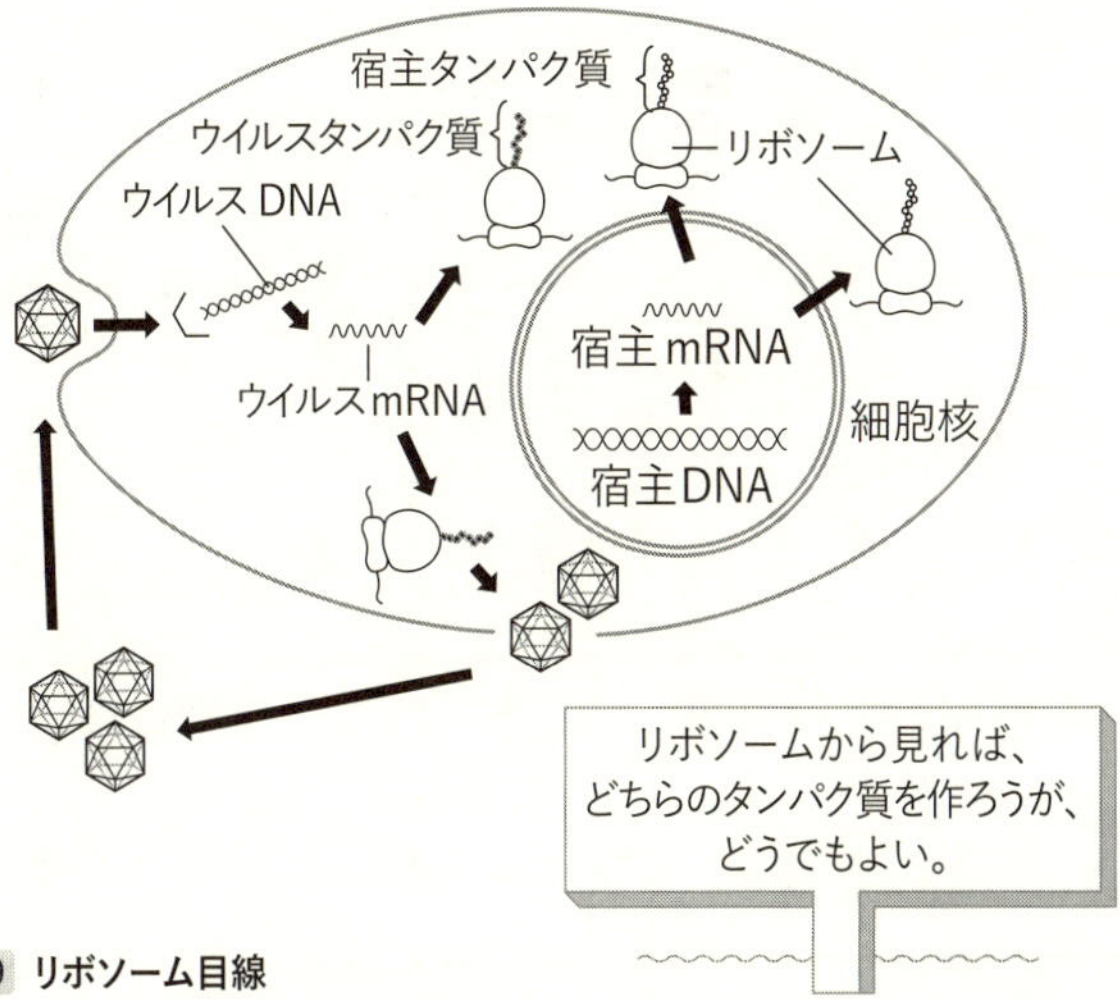

図59　リボソーム目線

リボソームは細胞の〝持ち物〟であるとされているから、ふだんは細胞（宿主のゲノム）がもつ遺伝子の指定するタンパク質を作っているが、ウイルスがやってくると、今度はウイルスのゲノムがもつ遺伝子の指定するタンパク質を作るようになる。リボソームからすれば、今作っているのが宿主のタンパク質だろうが、ウイルスのタンパク質だろうが、「そんなこたあどうでもよい」のである。

ク質のみを作っている状態にある（図59）。

リボソーム目線で見ると、じつは両者を明確に区別することはできない。今、リボソーム自身が作っているものが、はたして細胞性生物に使われるのか、それともウイルスに使われるのか、彼らには判断がつかないからだ（図59）。それはリボソームだけでなく、細胞性生物内に存在するさまざまな代謝システムにしても同じことである。

もちろん、これは恣意的な議論であって、反論すれば「なんでわざわざリボソーム目線で見にゃあいかんのか」ということになる。しかし、その反論もまた、「じゃあ、なんでわざわざ今まで僕らは『細胞目線』で見なければいけなかったのか」という反駁《はんばく》もできるほど、じつは確固たるコンクリートに固められた不動の見方に基づいているわけではない。

あくまでも「見方」の問題であって、この世界の真実は変わらない。しかし、その世界の真実をすべて知っているわけではない私たち人間にとって、「見方」はきわめて重要なのだ。そして、第1章でも強調したように、私たちが「何を見ているか」「何が見えているか」によって、世界の真実に対する理解がまったく異なるものになることもまた、事実なのである。

はたして、ウイルスとは何なのか？

その見方をさまざまに検討することは、決して意味のないことではない。

精子とミミウイルス

唐突だが、ここで「精子」について考えてみよう（図60）。

精子は、多くの多細胞生物にとって、いうまでもなく生殖細胞の一つで、卵と一緒になる（受精する）ことで新たな個体を生み出す細胞である。

精子は頭部と尾部（しっぽ）からできた不思議な細胞で、頭にはほとんど細胞核（ならびにDNA）しかなく、しっぽの付け根にはやや膨らんだ部分（中片部）があって、ここにはしっぽの

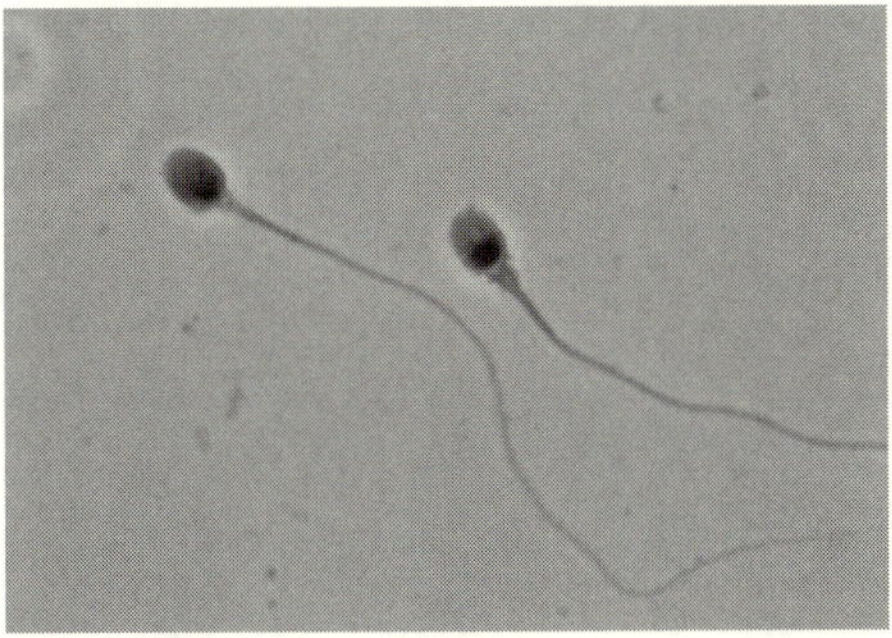

図60　ヒトの精子の電子顕微鏡像

(Science Source ／アフロ)


運動のためのエネルギーを生み出すミトコンドリアがある。

　卵に頭部を突っ込んだ精子からは、細胞核（ゲノムＤＮＡ）だけが卵の中に入っていき、他の部分は捨てられる運命にある。つまり、受精したその時点で精子という細胞は消えてなくなり、残るのは卵の細胞質に入り込んだゲノムＤＮＡだけとなる。どこかで聞いたような話ではないだろうか？

　そう、ミミウイルスやパンドラウイルスの粒子がアカントアメーバ細胞内に入り込み、ゲノムＤＮＡを含むコアを放出するという話だ。

　精子とウイルス粒子の違いは、精子が入り込む相手は同じ生殖細胞である卵であるのに対し、ウイルス粒子が入り込むのは受精相手ではなく、宿主となるべきアカントアメーバである、という点だろう。

　とはいえ、この二つの現象はよく似ているように思われる（図61）。

　卵に精子が入り込む場合は、精子が入り込んだ（というより、精子の頭部に格納されていたゲノムＤＮＡが入

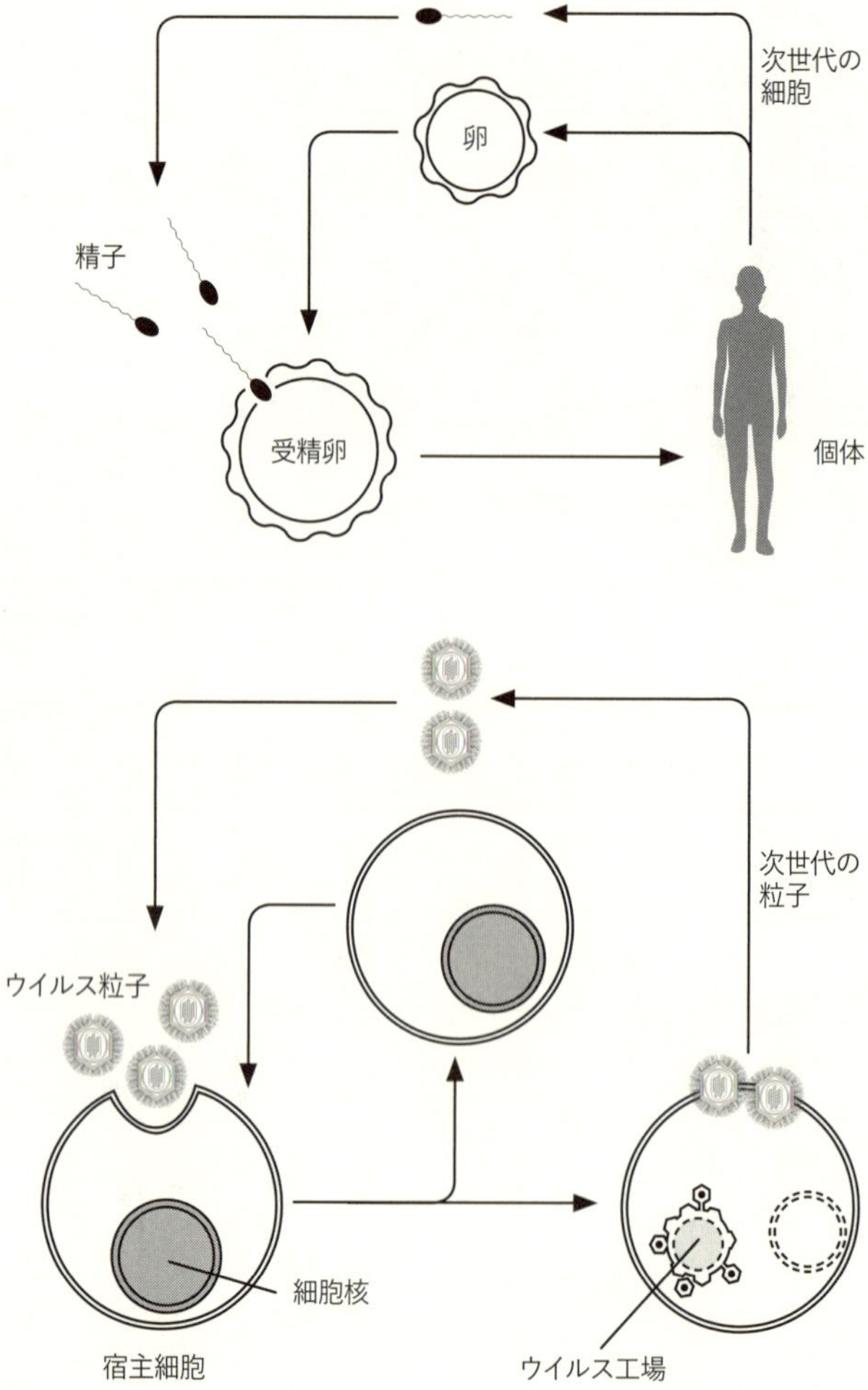

図61　精子とウイルス粒子は似ている

精子とウイルス粒子、卵と宿主細胞を対比させると、その共通性が見えてくる。

り込んだ）卵は、その瞬間に「受精卵」となり、やがて分裂・増殖を開始する。そして、どんどん分裂・増殖を繰り返して、多細胞生物の個体を作り出していく。その多細胞生物の個体の一部は、次の世代のための生殖細胞（精子と卵）を作り出す。そして、同じサイクルが繰り返されていく。

アカントアメーバにミミウイルス粒子が入り込む場合は、ウイルス粒子が入り込んだ（というより、ゲノムＤＮＡが格納されたコアが入り込んだ）アカントアメーバは、その瞬間に「○○○」（ここに何が入るかは、後で出てくる）となり、やがてその細胞質内に巨大なウイルス工場を形成する。ウイルス工場内ではミミウイルスのＤＮＡがどんどん複製され、次の世代のミミウイルスを作り出す。そして、同じサイクルが繰り返されていく。

恣意的といえば、これほど恣意的な文章構成はないのかもしれない。だが、ここは「見方を変える」必要性から、ぜひご寛恕《かんじょ》いただきたい。

この二つの文章を読み比べてみて、精子とミミウイルス粒子のふるまいが似ていると思った読者はどれだけおられるだろう。違うのは、前者では精子が入り込んだモノ（受精卵）自身が複製することであり、後者ではウイルス粒子が入り込んだモノ（アカントアメーバ）自身は複製せず、単に場を提供するだけであって、複製するのはミミウイルス自身である、ということだろう（ただし、アカントアメーバとしてはきちんと複製〈分裂・増殖〉する）。

多細胞生物における生殖細胞の役割はもちろん、次の世代の多細胞生物を形成することにあるが、「有性生殖」とよばれるこのしくみは、はるか昔に、単細胞生物だった頃の生殖方法を発展させたものにすぎない。

では、単細胞生物だったころの生殖方法とは何だったのか？

それは、現在の単細胞生物のようすを見てもわかるように、主としてそれ自身が分裂・増殖をするという方法であった。その方法が、単細胞生物から多細胞生物に進化する際に、多細胞生物の複数の細胞の中に専用の細胞（すなわち生殖細胞）を隔離して保護し、それを分裂・「増殖」させ、さらに性のしくみを導入することで多様性への確実な切符を手にしたのである。結局のところ、多細胞生物における生殖細胞のありようも、やはり分裂・増殖にあると見なしてよい。

そうなると、分裂という様式こそとらないものの、79ページで述べたように「コピーの芸術」ともいえるミミウイルスが増殖するようすを、精子のゲノムDNAが分裂・増殖（ただし、多細胞生物の多くの細胞系譜の中で）するようすになぞらえることは、それほど論理に飛躍があるとは思えない。すなわち、受精卵ならびにその子孫である多細胞生物の個体と対比すべきなのは、ウイルス粒子ではなく、じつは「ウイルス粒子に感染した細胞」である、ということになる。

ここにおいて、「ウイルスの本体」を考えるうえできわめて重要な「思考の転回」が、私たちに求められることになる。

４−４　ウイルスの本体とは!?　そして生命とは？

東京・目黒での邂逅

二〇一六年九月九日、目黒区・大岡山にある東京工業大学地球生命研究所（ＥＬＳＩ）で、世界的なウイルス研究者、生命進化研究者が一堂に会した。研究員の望月智弘博士がオーガナイズするワークショップ「生命進化におけるウイルスへの脚光：四〇億年にわたる細胞との共進化（Spotlighting viruses in evolution: 4 billion years of coevolution with cells）」に参加するためである。

集まったのは、米国ＮＣＢＩのユージン・クーニン博士、仏パスツール研究所のデイヴィッド・プランギシュヴィリ博士、同じくパスツール研究所のマート・クルポヴィック博士、米ポートランド州立大学のケン・ステッドマン博士、そして仏パスツール研究所のパトリック・フォルテール博士である。

このうちクーニン博士は、比較ゲノム生物学を駆使して研究を行っている、ロシア生まれの世界的な生命起源研究者であり、先にご紹介した、細胞核形成におけるキーイベントがイントロン・スプライシングシステムの導入であると提唱した人物である。

パトリック・フォルテール博士は、本章冒頭でもご紹介した科学者で、DNAなどの起源に関する研究や、新たな生物定義の提唱で知られている世界的な生命進化研究者だ。その定義とは、これまでのウイルスを「CEOs：カプシドをエンコード（規定）する生物」とし、これまでの生物を「REOs：リボソームをエンコードする生物」としてとらえ直してはどうか、というものである。

わかりやすくいえば、前者はカプシドを使っていろんなことをやる（宿主に感染し、タンパク質を作らせる）生物、後者はリボソームを使っていろんなことをやる（タンパク質を作る）生物、というわけだ。

この錚々《そうそう》たるメンバーの中に、誠に場違いな話ではあったが、不肖私も加わらせていただき、巨大ウイルスについての講演を行わせていただいたのであった。

パトリックとは以前からメール等でのやり取りがあり、お互いにその存在を知っていた。というより、私が著名なパトリックを知っているのは至極当たり前だったのだが、その逆は当たり前でもなんでもなかった。

初めてパトリックと顔を合わせたのは、ELSI内の昼食会場だった。彼の背の高さに圧倒されたというのもあったけれど、きわめて先鋭的でアクの強い仮説で、これからご紹介する「ヴァイロセル仮説」の提唱者というイメージを根底から覆すような、温厚でソフトな紳士であったことに驚いて（大げさでなく、これほんとう）、握手をする手がブルブルと震えてしまうのを抑えることができなかった（図62）。

つたない英語で話しかける私を、つねに絶やさぬ笑顔で迎えてくれ、その結果として、私はたちまちパトリックのファンになってしまった。いろいろ話したいことはあったのだが、このときほど英語が下手くそな自分を恨んだことはなかったように思う。

図62　パトリック・フォルテール博士

右上は、東京工業大学でのワークショップで一緒に撮ってもらった写真。下は、その際の講演のようす。背後のスライドでは、ウイルスによる細胞核形成説が取り上げられている。

ワークショップの講演では、パトリックは「Origins」という、おそらく世界一短いタイトルで、ウイルスと生命の起源に関する、ヴァイロセル仮説と彼の最新研究（と彼の本の宣伝）を含めた興味深い話をしてくれた。その中で、私が提唱した「ウイルスによる細胞核形成説」についても紹介してくれて、巨大ウイルスのウイルス工場との類似性についても言及し、その魅力を十分に表現してくれたのだった。

コーヒーブレークでは、「いやあ、僕もじつはウイルスが細胞核の起源に関わっていたと考えて論文を書こうと思っていたんだけど、そうこうしていたら君に先を越されてしまったよ、あははは」と話しかけられたのだが、それに対して私は「おやほんとうですか、それはそれは、あはははは」と応じるのが精いっぱいだった。このときほど、英語が下手くそな自分を恨んだことはなかった（二回目）。

「ヴァイロセル」とは何か

ウイルスとウイルス粒子──。

考えてみると、私たち研究者は無意識のうちに、この両者をきちんと分けているように思う。そもそも「ウイルス粒子（ビリオン）」という言葉が存在することからも、それがわかる。一方で、実際には「ウイルス＝ウイルス粒子」と考えている側面も間違いなく存在する。

しかし、パトリックが提唱している「きわめて先鋭的でアクの強い」ヴァイロセル仮説は、この両者の使い分けを明確にしてくれる。

彼の主張は、かいつまんで述べると次のようなものだ。

従来の一般的なウイルス観をもとにすると、ルヴォフが定義したように、代謝的には不活性なウイルス粒子をウイルスの本体であると考えるのが通常であり、それによってウイルスは「生きていない（すなわち生物ではない）」と見なされてきた。しかし、ここで次のように考えてみよう。――ウイルス工場は「ウイルス粒子」を生産する工場なのであって、決して「ウイルス」を作るものではないのだ、と。

これはすなわち、「ウイルス粒子」と「ウイルス」は分けるべき概念なのだということである。別の言い方をすれば、「ウイルスの本体はウイルス粒子ではない」ということである。

それでは、いったい何が「ウイルスの本体」なのか？「ウイルス粒子を作るもの」こそが、ウイルスの本体なのだ――ヴァイロセル仮説は、そう主張しているのである。

ウイルス粒子を作るもの。それこそが「ウイルス粒子に感染した細胞」である。

ウイルス粒子に感染した細胞は、それ以前とは大きくようすを変化させ、自身のタンパク質ではなく、ウイルス遺伝子が指定するタンパク質を、自らのリボソームを使って作り始める。そうして、新しい「ウイルス粒子」が大量に合成され、複製されていく。

ウイルス粒子に感染した細胞は、ウイルス粒子をたくさん作り、それを放出して、また次の「ウイルス粒子に感染した細胞」を作り出していく（図63）。

この、「ウイルス粒子に感染した細胞」のことを、パトリックは「ヴァイロセル（virocell）」

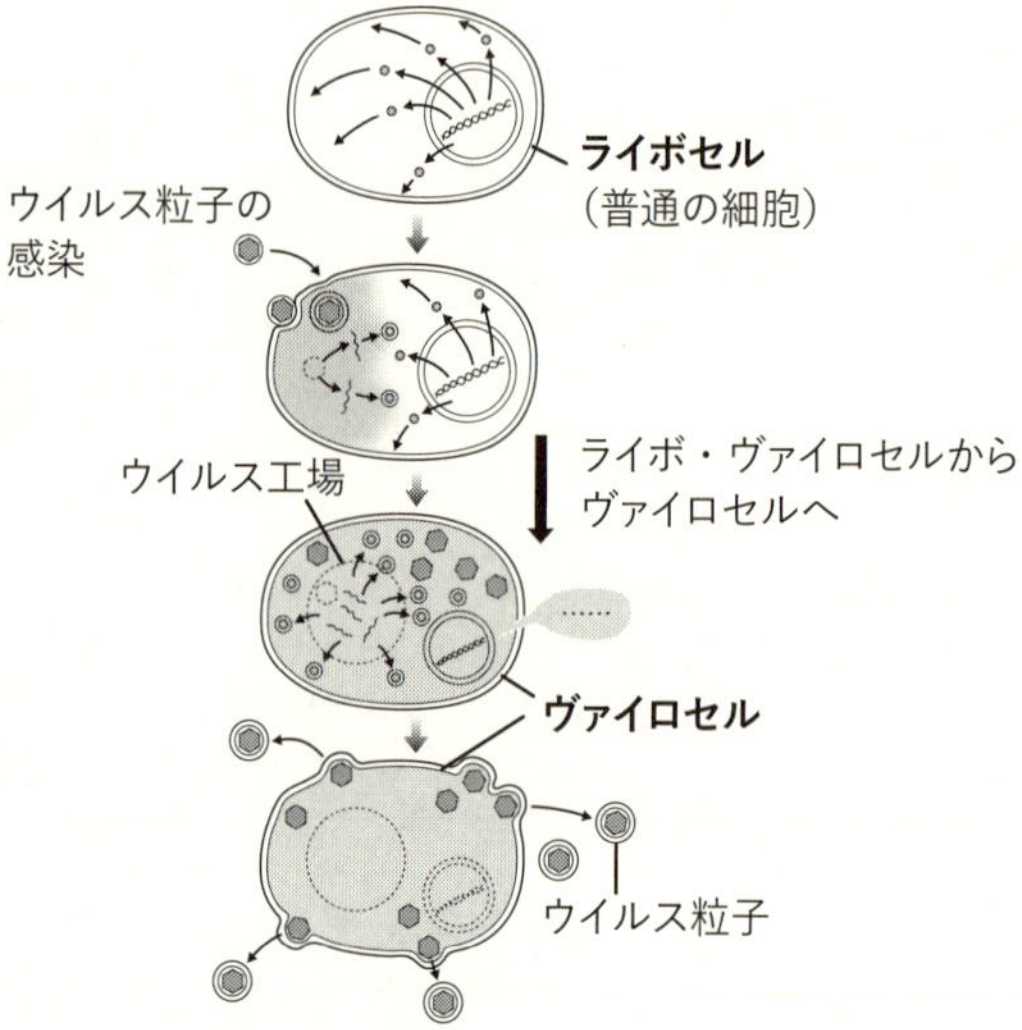

図63　ヴァイロセル仮説

ウイルス粒子は、「ライボセル」に感染すると、その中でウイルス工場を作り、ウイルスDNAの複製と転写を行って、ウイルスタンパク質を作る。そうしてライボセルは、「ライボ・ヴァイロセル」という状態を経由して、ウイルスタンパク質のみを作る「ヴァイロセル」となる。ヴァイロセルは、さらに次のヴァイロセルを作るべく、ウイルス粒子を大量に放出する。

とよんだのである。そして彼は、実際の佇《たたず》まいと同様の謙虚さでもって「とても特殊な例ではあるが」と述べたうえで、このヴァイロセルは一つの細胞性生物であると主張する。

215ページで「ミミウイルスが入り込んだアカントアメーバは、その瞬間に『○○○』となり、やがてその細胞質内に巨大なウイルス工場を形成する」と述べたが、この「○○○」の部分には、「ヴァイロセル」という言葉が入るのだ。

ヴァイロセルの夢

パトリックはこの「ヴァイロセル」の対比として、ウイルス粒子に感染していない〝普通の〟細胞を「ライボセル（ribocell）」とよぶ（図63）。

「ライボ（ribo）」とは、リボソーム（ribosome）の冒頭の綴《つづ》りであり、リボソームをフル活用して自分自身のタンパク質を作り出している細胞という意味で、この言葉を作ったようだ（218ページで述べたように、「リボソームをエンコードする生物」〈ＲＥＯｓ〉という意味もある）。

ライボセル（普通の細胞、細胞性生物）の〝夢〟は分裂して二つのライボセルを作ることであり、ヴァイロセルの〝夢〟はウイルス粒子をまき散らし、一〇〇個以上の新たなヴァイロセルを作ることなのだ、とパトリックはいう。

してみると、ヴァイロセルの中心的な機能を遂行しているウイルス工場は、さしずめヴァイロセルの「細胞核」ということになる。この「細胞核」は、ヴァイロセルのゲノムＤＮＡ（すなわちウイルスゲノム）を大量に複製しながら、周囲のリボソームで作られた大量のヴァイロセルタンパク質（すなわちウイルスタンパク質）を自身の内部、もしくはその周辺領域に集積させる。

そうして、その周囲でカプシドを形成し、ウイルス粒子を成熟させて、それをあたかも「生殖細胞」であるかのごとく、大量にヴァイロセルの外へと放出する。真核細胞（ライボセル）の細胞核と、ヴァイロセルの細胞核（ウイルス工場）との対比は、ここに来て、全体的な説得力を増すのである。

なおパトリックは、ヴァイロセルとライボセルの中間的なタイプとして、一つの細胞が両方の遺伝子をリボソームで翻訳している状態である「ライボ・ヴァイロセル（ribovirocell）」というものも仮定しているが（図63）、ここではその紹介のみにとどめておく（ただし、最後にもう一度登場する）。

世界の中心で「ヴァイロセル」と叫ぶ

さて、一度会っただけでパトリックのファンになってしまった私であるが、それとは無関係に、ここでヴァイロセルがウイルスのほんとうの姿であると仮定してみよう。そうした場合、生物の世界は、はたしてどのようなとらえ方へと変貌を遂げるのだろうか。なお、ここではわかりやすく、ミミウイルスのヴァイロセルについて考えてみることにし、生物学の説明ではタブーになっている「擬人化」を駆使して、「ヴァイロセル目線」で想像してみたい（図64）。

ヴァイロセルが生まれるのは、ウイルス粒子が〝普通の〟細胞（ライボセル）に侵入し、その中でウイルス工場を作り始めてからだ。まず、卵に精子が侵入するかのように、ミミウイルス粒子はライボセルに侵入する。ミミウイルスＤＮＡがさかんに複製され、ウイルス工場がより大き

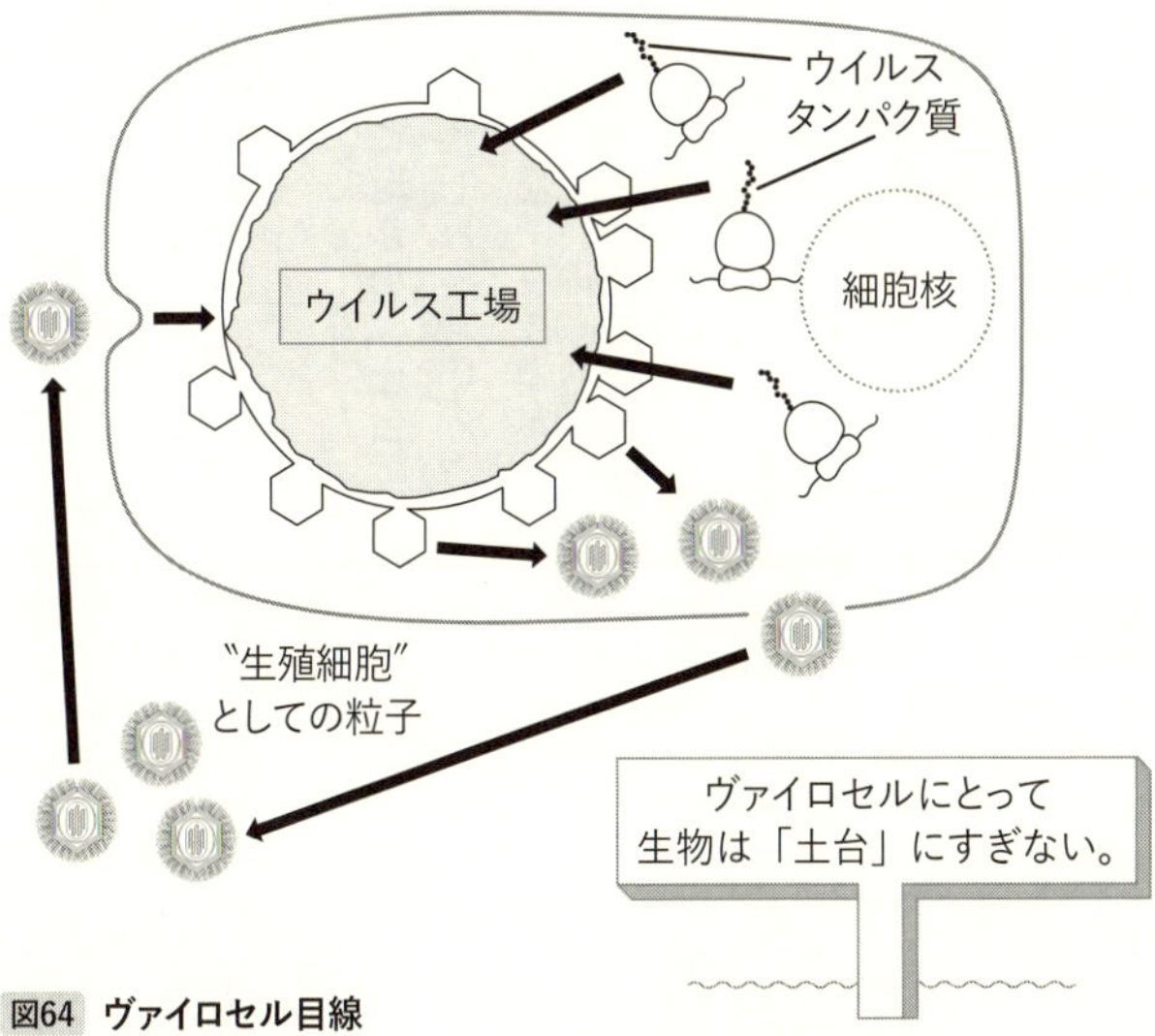

図64　ヴァイロセル目線

ウイルスの本体は粒子ではなく、ライボセルに感染した状態、すなわち「ヴァイロセル」である。ヴァイロセルにとって、私たち生物（ライボセル）は、それを作るための「土台」にすぎない。そしてウイルス粒子は、その〝生殖細胞〟にすぎない。

く発達してくると、それとともにライボセルのリボソームはミミウイルスタンパク質をさかんに作るようになり、ライボセルはヴァイロセルへと変貌をとげる。やがてヴァイロセル内部は、ミミウイルスの新しい粒子で満たされていく。

ヴァイロセルが死ぬのは、これら新しいミミウイルス粒子が放出された後である。ミミウイルス粒子を放出したヴァイロセルはその形を失い、雲散霧消するように消え去る。このシーンは、多細胞生物の個体が生殖を達成した後に死ぬ、その場面とじつによく似ている。

放出されたミミウイルス粒子は、新しいライボセルに侵入し、そこに新たなヴァイロセルが生まれる。そのようにして、同じサイクルが繰り返されていく。このシーンもまた、生殖細胞による生殖が繰り返されていく、私たち〝普通の〟細胞性生物のありようと類似している。

ヴァイロセルの「土台」

ヴァイロセルから見れば、ライボセルは自身を作るための「土台」である。「生殖細胞」であるウイルス粒子をライボセルに入り込ませ、その材料をそのまま使って作られるのが、次の世代のヴァイロセルである。

一見したところ、ライボセルはヴァイロセルとは独立して、自らの力だけでライフサイクルを回し、生きてきているように見える。しかしそれは、ヴァイロセルにとって、ライボセルがそうでなければならなかったからだ。

なにしろライボセルはヴァイロセルの「土台」なのだから、その土台は土台として、つねにこの世界のどこかに維持されていなくてはならない。しかし、その「維持費」はかなり高額になるだろうから、できれば「土台」は「土台」だけで、自らその費用を捻出してくれたほうが望ましい。だからヴァイロセルは、ライボセルに自らの力で分裂・増殖できる能力を与え、ヴァイロセ

ル自身はその重荷を捨て去ったのであろう。

ウイルス粒子は、カプシドという固い組織で覆われた比較的安定したものだから、まき散らしておける生殖細胞としてはうってつけだ。そうしてヴァイロセルは、いや、いや、ウイルスは、つねに自律的に維持されている「土台」に、いつでも入り込むことができるよう、自然界のいろいろなところに、その安定な「生殖細胞」をまき散らしておき、適当なときに「土台」であるライボセルに入り込むシステムを作り上げてきたのであろう。

DNAはどこで誕生したか

ＮＣＬＤＶ（核細胞質性大型ＤＮＡウイルス）の進化に関する二〇〇六年のラシュミナラヤン・アイエル、エル・アラヴィンドらの仮説は、じつはこのヴァイロセル仮説とも大きな接点をもつ。

彼らの仮説では、ＮＣＬＤＶの共通祖先は、真核生物とほぼ起源を同じくすることが分子系統学的解析からわかってきたが、さらにそれを遡っていくと、ＮＣＬＤＶは細胞性生物よりも古い起源をもち、バクテリアやアーキアなど初期の細胞性生物の起源となった「ＤＮＡレプリコン」にまで行き着くと考えることができる、ということを163ページで述べた。

ＤＮＡは、もともとはＲＮＡだったものから進化したと考えられている。現在の「ＤＮＡワールド」以前には「ＲＮＡワールド」というものが存在し、その時代ではＲＮＡが生命現象をつかさどっていたという考え方がある。つまりＤＮＡレプリコンは、それ以前に存在していた「ＲＮＡレプリコン」から進化したものである、という考え方だ。

では、ＲＮＡからＤＮＡへの進化はいったい、地球上のどこで起こったのか？

この謎については、現在もおそらく侃々諤々《かんかんがくがく》の議論が続いているが、私自身は最近の議論をフォローしていないので詳しくはよくわからない。しかし、少なくともヴァイロセル仮説とからめて興味深い説が提唱されていることはご紹介できる。

端的にいえば、ＲＮＡからＤＮＡに進化する場所を提供したのは、「ヴァイロセル」もしくは「ライボ・ヴァイロセル」である、とする考え方である。ただしこの考え方では、ＤＮＡが進化する前に、すでにＲＮＡをゲノムとする細胞性生物が存在していたことが前提となる。

新たなシナリオ

まず、地球上にさまざまな複製システムをもつＲＮＡレプリコンが生まれ、そのうちの一部から、バクテリアやアーキアの祖先となる細胞性生物（ただしＲＮＡをゲノムとしてもつ）が進化した。ＮＣＬＤＶの進化シナリオに則せば、このＲＮＡレプリコンのカプシドが細胞壁へと変化し、またＲＮＡレプリコンの脂質二重膜が細胞膜へと進化して、細胞性生物が誕生した（図65）。

ＲＮＡをゲノムとする細胞性生物に、同じくＲＮＡをゲノムとするウイルス（あるいはＲＮＡレプリコン）が感染する世界では、細胞性生物のウイルスに対する防御機構として、ウイルスのゲノムＲＮＡを切断するしくみが進化する。そこにはおそらく、ウイルスを介した遺伝子の水平移動が存在していたであろう。

なぜなら「敵を知り、己を知る」の喩《たと》えのとおり、細胞性生物がウイルスに対する防御機構を獲得するためには、そのウイルスの遺伝子を自らのゲノムに取り込み、それをターゲットとしたしくみを開発しなければならないからである。これは私たちの免疫システムにおける、いわば「ワクチン」と同じ考え方だ。そうして水平移動によって持ち込まれたウイルスの遺伝子を利用して、細胞性生物はそのしくみを進化させていく。

しかし、対策を打たれてしまったウイルスの側では、そのしくみにさらに対抗するしくみが進化する。それが、ＲＮＡよりも切断されにくく、安定的なＤＮＡの「開発」である。いわゆる

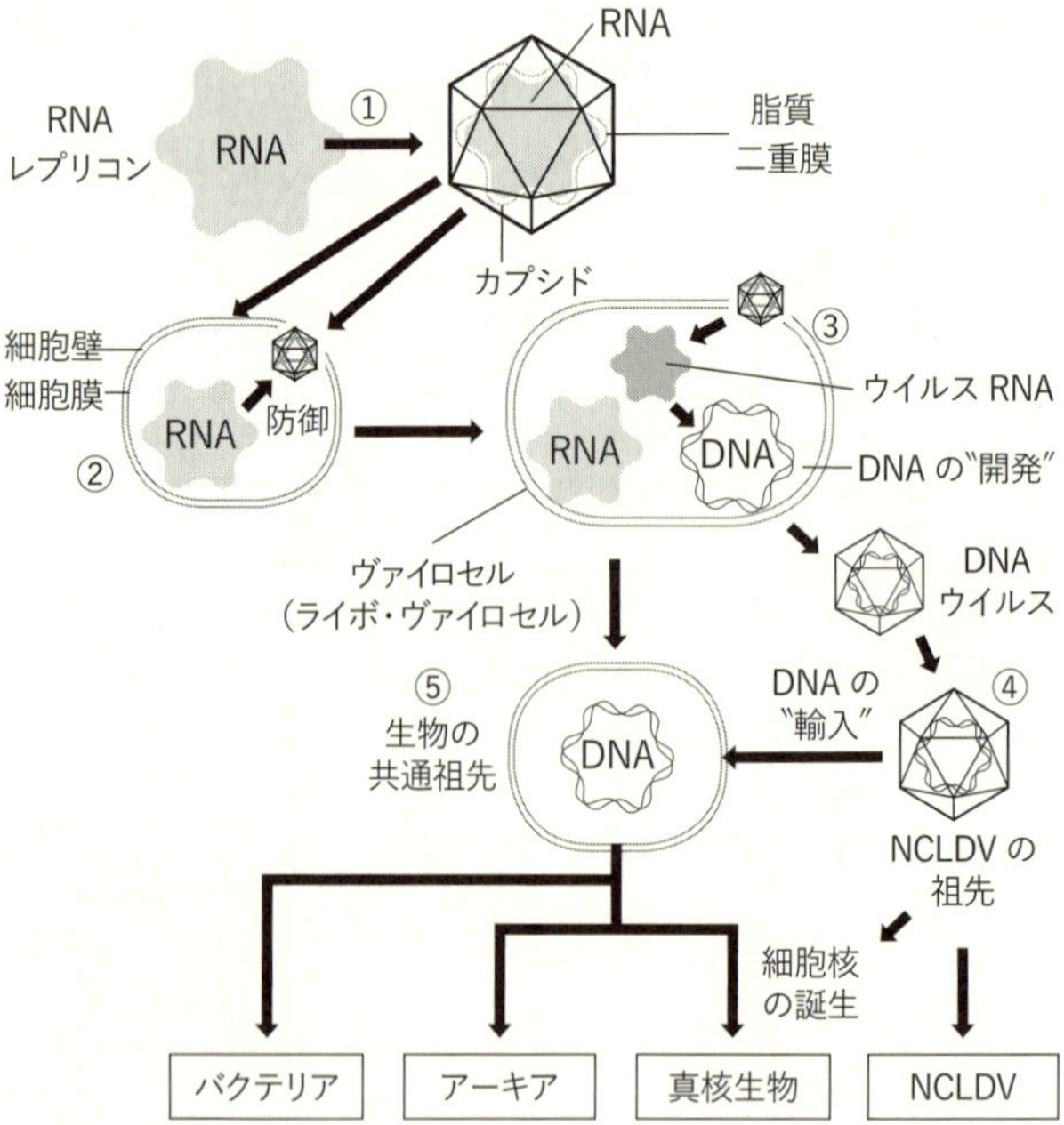

図65 DNAの開発

ここでは、①RNAレプリコンから最初にできた、カプシドで包まれたウイルス様物体は、RNAをゲノムとしてもつものであった、と仮定する。それが細胞性生物の起源となった。②この細胞性生物には、RNAをもつウイルス様物体が感染していたが、細胞性生物としては、そのウイルス様物体に対する防御機構（RNAを分解するしくみ）を発達させざるを得なかった。

しかし、今度は③ウイルス様物体のほうが、その防御機構への対抗措置として、分解できない核酸（DNA）を開発することになった。その開発は、代謝が活発なヴァイロセルにおいてのみ、可能であった。④そうしてDNAを獲得したのがNCLDVの祖先であり、やがてそのDNAは、今度は宿主である細胞性生物のゲノムに"輸入"され、⑤DNAをゲノムとする細胞性生物が誕生した。

「いたちごっこ」のようなものだ。ウイルスが「開発」したDNAは、宿主との相互作用を繰り返すうちに、水平移動によって、やがて宿主のゲノムにも採用されるようになり、現在のＤＮＡワールドの原型ができ上がる。

このシナリオは、ウイルス粒子をウイルスの本体としていたこれまでの考え方では、受け入れられるものではないだろう。なぜなら、ウイルス粒子自身は代謝的にはまったく不活性であり、そこを場とする分子進化など起こるわけがないと考えられるからだ。

しかし、ウイルス粒子ではなく、ウイルス粒子に感染した細胞性生物（すなわちヴァイロセル）がウイルスの本体であると考えるなら、事情は変わってくる。ヴァイロセル自体はもともとライボセル、すなわち代謝がきわめて活発な「生きた」状態であって、ライボセルがヴァイロセルに変化しても、その活発さは変わらない。したがって、ヴァイロセルでＲＮＡからＤＮＡが進化する素地が生まれたと考えることは、十分に可能なのである。

ヴァイロセルはおそらく、太古より連綿と、遺伝子の水平移動の場として機能し、私たち細胞性生物、すなわちライボセルの進化に一役買ってきたのに違いない。いやもしかしたら、私たち細胞性生物は、ヴァイロセルによって〝進化させられてきた〟のかもしれない。

目の上のこぶ——共感染するウイルスの謎

ところで、遺伝子の水平移動は、ウイルスと細胞性生物との間にのみ起こるものではないようだ。二〇一六年に発見されたミミウイルスのあるしくみが、これを如実に物語っている。

第1章38ページでも紹介したように、ミミウイルスには「ヴァイロファージ」という小さなウイルスが感染することが知られている（ヴァイロセルとは異なるので注意）。

正確にいえば、ヴァイロファージが感染するのはミミウイルスではなく、ミミウイルスの宿主であるアカントアメーバだ。ヴァイロファージは、ミミウイルスとともにアカントアメーバに感染する（ここではこれを、「共感染」とよぶ）。

ミミウイルスがいないと、彼ら単独ではアカントアメーバに感染できない。ヴァイロファージは、一緒に感染するミミウイルスのウイルス工場をちゃっかり利用して増殖するため、ミミウイルスの増殖効率は悪くなり、時としておかしな粒子ができてしまったりする。つまり、ミミウイルスにとってヴァイロファージは「目の上のこぶ」なのだ。

すでに第1章で紹介したとおり、最初に報告されたのが「スプートニク」と命名されたヴァイロファージで、ミミウイルス科ママウイルスと一緒にアカントアメーバに共感染することが二〇〇九年に報告された。その後、二〇一四年には、やはりミミウイルスと共感染するヴァイロファージ「ザミロン」が発見された。

ミミウイルス科は大きくグループⅠ、グループⅡに分かれ、グループⅠはさらに系統A、系統B、系統Cに分かれる。面白いことに、スプートニクはミミウイルスのA、B、Cいずれの系統に対しても共感染するが、ザミロンは系統Aとは共感染せず、B、Cのみと共感染するらしい。

ヴァイロファージによる共感染は、ミミウイルスの複雑性を示す性質であるともいえるが、当人（ミミウイルス）にとっては大迷惑なことであろう。案の定ミミウイルスは、これら「目の上のこぶ」を黙って見過ごすことはせず、きちんとそれに対する防御システムを構築していることが二〇一六年にフランスの研究者によって明らかとなり、科学誌『ネイチャー』で発表された。

ミミウイルスの「免疫システム」

それはやはり、ラ・スコラ博士らの研究グループだった。彼らが解明したのは、こういうメカニズムである。

ザミロンが系統Aのミミウイルスとは共感染しないというデータに着目し、ミミウイルスゲノムを詳細に検討したところ、系統Aのミミウイルスにザミロン耐性機構が存在することを見出した。ミミウイルスがもつ「免疫システム」のようなものである。

このシステムは、バクテリアやアーキアが広くもつ「クリスパー・キャスシステム」というものと、相同なものであると見られている。このシステムは、先ほど229ページで「細胞性生物のウイルスに対する防御機構として、ウイルスのゲノムRNAを切断するしくみが進化する」と述べたもののいわば〝DNA版〟で、簡単にいえば、ウイルス（ファージ）などが侵入すると、そのDNAをぶつぶつと切って分解し、その一部を自身のゲノムのある特定の部位（クリスパー座位とよばれる）に挿入してしまうというものである。

いってみればバクテリアやアーキアは、「こんなヤツがやってきた」ということを、この分解した外来DNAを自身のゲノムに挿入することで、「記憶」するのだ。

クリスパー座位からはRNAが転写されていて、同じファージが次にまたやって来たときに、記憶として保持していた情報をもとに、そのファージのDNAにこのRNAを取りつかせ、最終的には分解してしまう。まさに免疫記憶であり、ワクチンによる免疫機能の活性化そのものだ。

ミミウイルスがヴァイロファージ対策としてもっているのも、まさしくこれと同じしくみであった。系統Aのミミウイルスのゲノムに、ザミロンのゲノムの一部が挿入されていたのである。この挿入されたザミロンの塩基配列が、ミミウイルスがザミロン対策としてもっている「免疫記憶」であり、次にザミロンがやって来てもそのDNAを分解してしまうため、ザミロンは系統Aのミミウイルスとは共感染できなくなっているのだ（図66）。

ミミウイルスにおける、このバクテリアやアーキアのクリスパー座位に相当する部分には、「MIMIVIRE《ミミヴァイア》（mimivirus virophage resistant element）」という名がつけられた。

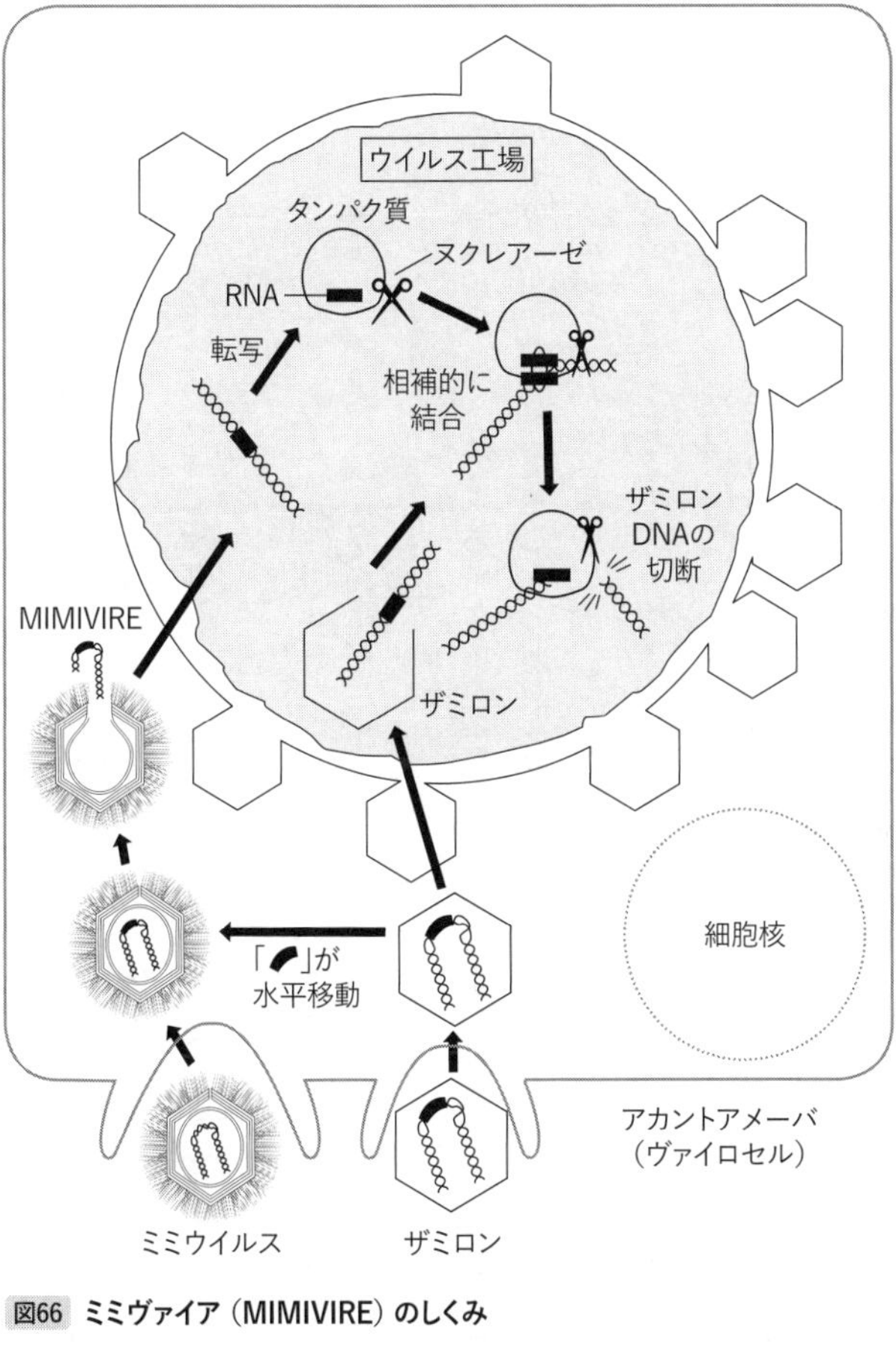

図66　ミミヴァイア（MIMIVIRE）のしくみ

ミミウイルスのゲノムには、長い共感染の過程で、ザミロンの塩基配列の一部が水平移動した塩基配列が存在する。その塩基配列を含む領域「MIMIVIRE」には、その塩基配列を写し取った（相補的な）RNAのみならず、ザミロンのゲノムDNAを切断するはたらきをもつ「ヌクレアーゼ」遺伝子が存在する。転写されたザミロンDNAに相補的なRNAは、ザミロンDNAの該当部分と結合し、それを合図に、ヌクレアーゼがザミロンのDNAを切断する。

ミミヴァイアの成り立ちにもまた、遺伝子の水平移動が関わっていることがわかる。ザミロンからミミウイルスへの遺伝子の移動、すなわちウイルスからウイルスへの遺伝子の水平移動だ。その場はほぼ確実に、ミミウイルスが感染したアカントアメーバ、すなわち「ヴァイロセル」に他ならない。このときヴァイロセルは、ウイルス同士のせめぎあいの場となり、遺伝子の水平移動の場となったのである。

この場、すなわち「土台」を利用して、ウイルスたちはさまざまな戦略を編み出しながら進化してきたと同時に、「土台」である細胞性生物にも、大きな影響をもたらしてきたのであろう。

ちなみに、バクテリアやアーキアがもつ「クリスパー・キャスシステム」は、「ゲノム編集」技術の基礎となったしくみである。ゲノム編集とは、最近生命科学で大流行りの技術で、ゲノムの特定の部分を狙い撃ちしてそこを切断したり、新たな塩基配列を挿入したりして、ゲノムを自分の思うように文字どおり「編集」することができる技術だ。その元になったのが、バクテリアやアーキアがウイルス対策としてもっており、特定の塩基配列を認識して分解することができる「クリスパー・キャスシステム」なのである。

その詳細については本書の筋からはずれるので、どうぞ成書をご参照いただきたい。

反転する概念——巨大ウイルスが揺さぶる生命観

さて、いよいよ本書も最終段階となった。まずは、ウイルスに関するこれまでの常識的な考え方や状況を整理しておこう。

①ウイルスは電子顕微鏡でなければ見えず、ゲノムサイズは生物よりも小さい。
②ウイルスには翻訳システムが存在しない。
③ＤＮＡはＲＮＡから進化したが、そのメカニズムは不明である。
④ウイルスの本体はウイルス粒子であり、細胞性生物の力を借りて増殖する。
⑤ウイルスは、細胞性生物から派生するようにして生じた。
⑥細胞性生物にとって、ウイルスは遺伝子の水平移動など進化に重要な役割をはたしてきた、進化上のパートナーである。

最後の⑥などは、ごく最近になって登場してきた考え方であるため、必ずしも人口に膾炙しているわけではないが、学術的には常識になりつつある点だ。

これらの常識的な考え方や状況が、巨大ウイルスの登場によってどのように変化し得るのか、あるいは変化してきたのか。数字を対応させながら列挙してみよう。

①巨大ウイルスは光学顕微鏡でも見え、ゲノムサイズが一部の生物より大きいものもある。

ミミウイルス、ならびにパンドラウイルスなどの「壺型」ウイルスは、総じて光学顕微鏡でその存在を確認できる。ゲノムサイズも大きく、パンドラウイルスなどは、最も小さな寄生性真核生物よりも大きい。従来は、粒子サイズ、ゲノムサイズはウイルスと生物との間に大きな壁を作っていたが、巨大ウイルスの発見により、その壁が一気に突き崩されたといえる。

②巨大ウイルスには、翻訳システムの一部が存在する。

巨大ウイルスの「はしり」であったクロレラウイルスがトランスファーRNA遺伝子をもっていることを皮切りに、ミミウイルスにはさらに加えてアミノアシルtRNA合成酵素遺伝子が備わっていることが明らかとなった。彼らはリボソームをもたないため、これらの遺伝子をもっていたからといって、すぐに生物の仲間入りはしないが、細胞性生物の中には、アミノアシルtRNA合成酵素を完全にはもっていないものもいる。巨大ウイルスのうちモリウイルスは、宿主のリボソームタンパク質をカプシド内に持ち出すことが知られている。こうしたことから、ウイルスと細胞性生物を分ける最大の壁であった「翻訳システムの有無」において、その壁が徐々に崩れつつある状況にあるといえる。

③DNAはRNAから進化したが、その場は「ヴァイロセル」であった。

巨大ウイルスの発見により、ウイルスの複雑性が注目されるようになった。ヴァイロセルは、ウイルス粒子を大量に生産する状態になった細胞であり、進化の歴史において、DNAはまさにこのヴァイロセルをその場として、RNAから作られた。ヴァイロセル仮説を前提にすれば、ウイルスがＤＮＡを開発したとしても、代謝的に不活性であるとする従来の批判に反駁することが可能となる。また、ルヴォフのウイルス定義の一つである「核酸を一個（一種類）だけもつ」にあてはまらず、ゲノムＤＮＡ以外に、転写されたＲＮＡをカプシド内にもつ巨大ウイルスが存在する。ミミウイルスや、トーキョーウイルスが含まれるマルセイユウイルス科がその代表的なものだ。このことは、「ＤＮＡとＲＮＡのどちらかしかもたない」という従来のウイルス観を覆し、こうした複雑なウイルスが、進化的な側面も含めて核酸の代謝をつかさどる可能性を、大きくクローズアップさせたといえる。

④ウイルスの本体は「ヴァイロセル」である。ウイルス粒子は、ヴァイロセルが増殖するための〝生殖細胞〟にすぎない。

「生殖細胞」であるウイルス粒子を生産するのは、ウイルスに感染した細胞「ヴァイロセル」である。細胞性生物のメカニズムに照らせば、増殖するのはヴァイロセルであり、「生殖細胞」であるウイルス粒子は、その手段にすぎない。そして、巨大ウイルスが作り出すウイルス工場は、ヴァイロセルの「細胞核」として機能し、多数の生殖細胞の生産を行っている。巨大な「ウイルス工場」の存在は、ウイルスによる細胞核形成説とヴァイロセル仮説を大きく前進させたといえる。

⑤細胞性生物は、ウイルスの一部から生じた。

巨大ウイルスを含む大きな分類群である「NCLDV（核細胞質性大型DNAウイルス）」は、ゲノムDNAを脂質二重膜が包み込み、その外側にタンパク質でできたカプシドが存在する。この粒子の構造は、ゲノムDNAを細胞膜（脂質二重膜）が包み込み、その外側に細胞壁が存在する細胞性生物（この場合はバクテリア、アーキア）の構造に類似する。細胞性生物の起源は、じつはNCLDVのような構造をした太古の「ウイルス」にあったのではないか。巨大ウイルスの研究により、生命の起源に関する新たな考え方の可能性が増大したといえる。

⑥ウイルスにとって、細胞性生物は「ヴァイロセル」の増殖のための、そしてつねにその進化の場として利用してきた「土台」である。

細胞性生物にとって、ウイルスは遺伝子の水平移動など進化に重要な役割をはたしてきた進化上のパートナーであるというのは、現在の見方（細胞性生物目線）に立てば当たっているといえようが、ウイルス（とりわけヴァイロセル）の立場（ヴァイロセル目線）に立てば、決して「パートナー」であるとはいえない。むしろウイルス（ヴァイロセル）にとって、もともと細胞性生物は自らの祖先が作り出したものであり、彼らにしてみれば、細胞性生物は自らの増殖の場、すなわち「土台」にすぎない。さらにその「土台」は、土台自身の進化の場でもある一方で、遺伝子の水平移動を通じた、ウイルス自身の進化の場でもある。NCLDVと巨大ウイルスの研究は、遺伝子の水平移動によるゲノム進化の側面を洗い出し、両者の関係に関する考え方を根本から変えたといえる。

細かい点は他にもたくさんあるが、主立ったポイントをまとめると、以上のようになる。多くの観点において、見方や考え方が反転していることがよくわかるだろう。

もちろん、見方によっては「こじつけ」と思われるかもしれない。すべては状況証拠のみが物語ることであって、実際に四〇億年前に起こった真の「解」とは異なるかもしれない。しかし、見方を変えることで、これまでは謎であった問題に、思いもよらなかった答えが与えられる場合もある。

私たちは、いったいどのような来歴を経て、今、ここにいるのか。

得てして人々の興味関心は、人類の起源など、より近い過去にまでしか遡らない傾向にあるけれども、じつはその根本をたどっていけば、もっとミステリアスで、もっと面白い世界が待ち受けている。そこに、現在の常識が通用しない世界があっても、ちっとも不思議ではない。

これは、ウイルスが私たちの生命観に仕掛ける「逆襲」である。そしてそれは、今まさに始まったばかりなのである。

おわりに

固唾を飲んで、ラ・スコラ博士から送られてきた「初代」ミミウイルスのふるまいを観察していたとき、そこに見えたのは無数の未知なるツブツブであった。DAPIで染色操作を行ったウイルス感染アカントアメーバを蛍光顕微鏡にセットし、接眼レンズを覗いたとき、そこに見えたのは燦然と光輝くブルーの宝石だった(101ページ図25およびカバー裏参照)。

この美しい画像を添付して、早速ラ・スコラ博士に「これがミミウイルスのウイルス工場か!?」というメールを送ったところ、すぐに「イエス!」という返信が来た。

これが巨大ウイルスか……!

改めて、なんて美しく魅力的な存在なのかと、そう思わずにはいられなかった。もちろん、DAPIという蛍光試薬の効果がそう思わせたわけだが、そんな現実などどうでもよい。美しいものは美しいのだ。

こんなに美しいものを、私たち人類はなぜ、長い間見つけることができなかったのか。なぜ私たちは、見つけようともしなかったのか。

目で見えること。すなわち、質感的な視覚情報は、私たちが生きていくうえできわめて重要な一部を占めている。研究の世界も同じである。

特に微生物の同定では、その形、生きている姿が重要となる（最近のメタゲノミクス解析においては、その限りではない）。その姿を顕微鏡でとらえ、「お、ここにいるぞ」とか、「へ〜、こんな形をしてるんだ」とか、そういう認識でその姿を見ることが重要となる。その認識がなければ、たとえ「目で見えた」としても「見えていない」のと同じである。実際、つい最近まで、巨大ウイルスは「見えていなかった」のだから。

その「見えていなかった」巨大ウイルスたちは、発見後のわずか十数年の間に、さまざまな驚きと衝撃を私たちにもたらした。その衝撃は、ウイルスに関する常識を変え、私たち自身である細胞性生物に対する考え方をも一変させる可能性を秘めたものであった。まさに、巨大隕石が地球上に巨大クレーターを作るがごとくである。

その可能性の一端を、本書でご紹介してきた。もちろん本書の内容のほとんどは「仮説」である。第1章の内容は、これまでに報告されてきた巨大ウイルスに関する知見の概要だからそうではないが、残りの大部分、とりわけ第4章はほぼ全編にわたって、私を含む一部の研究者が考えている仮説に依拠している。それは、すべての生物学者の中でコンセンサスが得られているような、限りなく定説に近い仮説ではない。むしろ、このように考えているのは少数派であろう。この「仮説度」の高さは、前著『巨大ウイルスと第4のドメイン』の比ではない。

また、その『巨大ウイルスと第4のドメイン』を書いたときには浮かび上がってこなかった、私なりの考え方というものも本書では大きく反映されているが、この差はやはり、自分の手を動かして巨大ウイルスに接した経験の有無によるのだろう。

先ほど述べたように、見た目の話ではあるけれども、巨大ウイルスの「美しさ」の右に出るものは、おそらく生物の世界にも存在しないと、私はそう思っている。だからこそ彼らに魅了され、人間であることを忘れて「巨大ウイルス目線」でこの本を書き上げてしまった、という側面もある。

だがそれも、じつは大きな落とし穴の一つなのだ。

本書の脱稿間近となった二〇一七年一月、科学誌『サイエンス』に、私にとって非常に興味深い論文が掲載された。バクテリアに感染するウイルスであるバクテリオファージが、感染した先のバクテリアの細胞中に、まるで細胞核のような構造を作ることを見出した、とする論文である。

本書を含め、過去二冊のブルーバックスでも再三ご紹介してきた、私とベルが提唱している「ウイルスによる細胞核形成説」の欠点の一つは、原核生物に感染するウイルスによって、細胞核（のようなもの）が形成されるという報告がこれまでなかったことだったが、この一月の論文は、まさにそれを達成してくれた論文であるといえる。

この論文について私が最初に知ったのは、そのPDFファイルが添付されたパトリックからの一通のメールだった。それが届いたとき、私は一瞬、歓喜の渦に巻き込まれた。その直後、この論文の主役がバクテリオファージであって、巨大ウイルスではなかったことを知って、正直にいって若干がっかりしたような心持ちがしたことを告白せねばならない。なんだ、バクテリオファージかよ、と。

同時に、私自身がまさに「巨大ウイルス目線」に固定化された視点でしかものを見ていなかったことにもまた、愕然とさせられた。そして思い直したのだ。――過去に起こったことだったら、何も巨大ウイルスでなくてもよいのだ、と。バクテリオファージだって同じDNAウイルスだ。いったい何の違いがあるというのだ、と。

目線の固定化は、人間社会においても問題を引き起こすことがあるのと同じように、「生物とは何か」「ウイルスとは何か」を考えるうえでも、一種の呪縛の道具となりうる。その呪縛から、ぜひともこの際、解き放たれなければならないと、私はそう思っている。

本書では、私たち生物の側を表現する言葉として、「生物」「細胞」「細胞性生物」という三種類の言葉を使っているが、適当に使っているわけではなく、そのときどきに応じて、適切な言葉を使い分けたつもりである。

最後に、原稿の一部についてコメントをいただいた自然科学研究機構生理学研究所・村田和義博士、白鷗大学教育学部・山野井貴浩博士、原稿すべてに目を通し、コメントをくれた父と妻、本書執筆の機会を与えていただいた講談社ブルーバックス出版部の倉田卓史氏、前著までの四冊をご担当くださり、今は別の部署におられる中谷淳史氏、そして最初の一冊を担当して私を一般向け科学書の世界に引き入れてくださり、今も別の本の企画でご一緒させていただいている堀越俊一氏、そして何より本書を手にとり、ここまでお読みくださった読者のみなさんに心から感謝して、筆を擱《お》く。

二〇一七年三月

東京・飯田橋のとあるカフェにて

武村 政春

Raoult D et al. (2004) The 1.2-megabase genome sequence of Mimivirus. *Science* 306, 1344-1350.【ミミウイルスのゲノム解読】

Raoult D and Forterre P. (2008) Redefining viruses: lessons from Mimivirus. *Nature Rev. Microbiol.* 6, 315-319.【REOsとCEOsの提唱】

Scheid P et al. (2008) An extraordinary endocytobiont in Acanthamoeba sp. isolated from a patient with keratitis. *Parasitol. Res.* 102, 945-950.【角膜炎患者からのパンドラウイルスの分離】

Silva LCF et al. (2015) Modulation of the expression of mimivirus-encoded translation-related genes in response to nutrient availability during *Acanthamoeba castellanii* infection. *Front. Microbiol.* 6, 539.【ミミウイルスのアミノアシルtRNA合成酵素遺伝子の発現と栄養飢餓との関係】

Takemura M. (2001) Poxviruses and the origin of the eukaryotic nucleus. *J. Mol. Evol.* 52, 419-425.【ウイルスによる細胞核形成説】

Takemura M. (2016) Draft genome sequence of *Tokyovirus*, a member of the family *Marseilleviridae* isolated from the Arakawa river of Tokyo, Japan. *Genome Announc.* 4, e00429-16.【トーキョーウイルスの分離】

Takemura M. (2016) Morphological and taxonomic properties of *Tokyovirus*, the first *Marseilleviridae* member isolated from Japan. *Microbes Environ.* 31, 442-448.【トーキョーウイルスのウイルス工場】

Takemura M et al. (2016) Nearly complete genome sequences of two *Mimivirus* strains isolated from Japanese freshwater pond and river mouth. *Genome Announc.* 4, e01378-16.【日本からのミミウイルスの分離】

Tolonen N et al. (2001) Vaccinia virus DNA replication occurs in endoplasmic reticulum-enclosed cytoplasmic mini-nuclei. *Mol. Biol. Cell* 12, 2031-2046.【ポックスウイルスの〈ミニ核〉】

山田隆 . (2007) 脂質二重膜をもつ大型ウイルス群の系統的単一性と太古の起源 . 蛋白質核酸酵素 52, 463-468.

Yamada T. (2011) Giant viruses in the environment: their origins and evolution. *Curr. Opin. Virol.* 1, 58-62.【巨大ウイルスの総説】

Zauberman N et al. (2008) Distinct DNA exit and packaging portals in the virus *Acanthamoeba polyphaga Mimivirus*. *PLoS Biol.* 6, 1104-1114.【ミミウイルスのスターゲート構造】

Lake JA, JainR and Rivera MC. (1999) Mix and match in the tree of life. *Science* 283, 2027-2028.【真核生物ゲノムの成り立ち】

La Scola B et al. (2003) A giant virus in amoebae. *Science* 299, 2033.【ミミウイルスの分離】

Legendre M et al. (2014) Thirty-thousand-year-old distant relative of giant icosahedral DNA viruses with a pandoravirus morphology. *Proc. Natl. Acad. Sci. USA* 111, 4274-4279.【ピソウイルスの分離】

Legendre M et al. (2015) In-depth study of *Mollivirus sibericum*, a new 30,000-y-old giant virus infecting Acanthamoeba. *Proc. Natl. Acad. Sci. USA* 112, E5327-E5335.【モリウイルスの分離】

Levasseur A et al. (2016) MIMIVIRE is a defence system in mimivirus that confers resistance to virophage. *Nature* 531, 249-252.【ミミウイルスの免疫システムの発見】

Lwoff A. (1957) The concept of virus. *J. General Microbiol.* 17, 239-253.【ルヴォフによるウイルスの定義】

Martin W. (2005) Archaebacteria (Archaea) and the origin of the eukyarotic nucleus. *Curr. Opin. Microbiol.* 8, 630-637.【細胞核の起源に関する総説】

Martin W and Koonin EV. (2006) Introns and the origin of nucleus-cytosol compartmentalization. *Nature* 440, 41-45.【イントロン・スプライシングシステムと細胞核の起源】

Michel R et al. (2003) Endoparasite KC5/2 encloses large areas of sol-like cytoplasm within Acanthamoebae. Normal behavior or aberration? *Parasitol. Res.* 91, 265-266.【じつはピソウイルスだった】

Monier A, Claverie J-M, and Ogata H. (2008) Taxonomic distribution of large DNA viruses in the sea. *Genome Biol.* 9, R106.【海洋メタゲノミクス】

Nakabachi A et al. (2006) The 160-kilobase genome of the bacterial endosymbiont Carsonella. *Science* 314, 267.【カルソネラ·ルディアイのゲノム】

Novoa RR et al. (2005) Virus factories: associations of cell organelles for viral replication and morphogenesis. *Biol. Cell* 97, 147-172.【ウイルス工場】

緒方博之，武村政春．(2014) 巨大ウイルスがもたらしたパンドラの箱——ウイルス研究はパラダイムシフトを引き起こすか?——. 生物の科学 遺伝 68, 194-199.

Philippe N et al. (2013) Pandoraviruses: amoeba viruses with genomes up to 2.5 Mb reaching that of parasitic eukaryotes. *Science* 341, 281-286.【パンドラウイルスの分離】

（4）学術論文（参考・引用に供した論文・総説のうち、特に重要な論文のみ示した）

Abergel C et al.（2015）The rapidly expanding universe of giant viruses: Mimivirus, Pandoravirus, Pithovirus and Mollivirus. *FEMS Microbiol. Rev.* fuv037, 39, 779-796.【巨大ウイルスについての総説】

Arslan D et al.（2011）Distant Mimivirus relative with a larger genome highlights the fundamental features of Megaviridae. *Proc. Natl. Acad. Sci. USA* 108, 17486-17491.【メガウイルスの分離】

Bell PJL.（2001）Viral eukaryogenesis: was the ancestor of the nucleus a complex DNA virus? *J. Mol. Evol.* 53, 251-256.【ウイルスによる細胞核形成説】

Boratto PVM et al.（2015）Niemeyer virus: a new Mimivirus group A isolate harboring a set of duplicated aminoacyl-tRNA synthetase genes. *Front. Microbiol.* 6, 1256.【ニーマイヤーウイルスの分離】

Boyer M et al.（2009）Giant Marseillevirus highlights the role of amoebae as a melting pot in emergence of chimeric microorganisms. *Proc. Natl. Acad. Sci. USA* 106, 21848-21853.【マルセイユウイルスの分離】

Cavalier-Smith T.（2010）Origin of the cell nucleus, mitosis and sex: roles of intracellular coevolution. *Biol. Direct* 5, 7.【細胞核の起源に関するカヴァリエ＝スミスの仮説】

Chaikeeratisak V et al.（2017）Assembly of a nucleus-like structure during viral replication in bacteria. *Science* 355, 194-197.【バクテリアに細胞核のような構造をつくるバクテリオファージ】

Forterre P.（2011）Manipulation of cellular syntheses and the nature of viruses: the virocell concept. *C. R. Chimie* 14, 392-399.【ヴァイロセル仮説】

Forterre P and Gaïa M.（2016）Giant viruses and the origin of modern eukaryotes. *Curr. Opin. Microbiol.* 31, 44-49.【ヴァイロセル仮説・ウイルス工場と細胞核】

Iyer LM et al.（2006）Evolutionary genomics of nucleo-cytoplasmic large DNA viruses. *Virus. Res.* 117, 156-184.【NCLDVの共通祖先】

Kawakami H and Kawakami N.（1978）Behavior of a virus in a symbiotic system, *Paramecium bursaria*–zoochlorella. *J. Protozool.* 25, 217-225.【クロレラウイルスの分離】

Klose T et al.（2010）The three-dimensional structure of Mimivirus. *Intervirol.* 53, 268-273.【ミミウイルスのスターゲート構造】

参考文献

本書を執筆するにあたり、参考にした図書ならびに論文を示しておく。「おわりに」でも述べたように、本書の内容は、前著『巨大ウイルスと第4のドメイン』（講談社ブルーバックス）に比較しても、さらに「仮説度」が高い。ぜひ他書や論文等にも接していただき、読者のみなさん自身の中で、いろいろと考えをめぐらせていただければ幸甚の至りである。

（1）一般向けの図書（科学読み物、新書など）

生田哲著　『ウイルスと感染のしくみ』　サイエンス・アイ新書、2013

武村政春著　『生命のセントラルドグマ』　講談社ブルーバックス、2007

武村政春著　『たんぱく質入門』　講談社ブルーバックス、2011

武村政春著　『新しいウイルス入門』　講談社ブルーバックス、2013

武村政春著　『巨大ウイルスと第4のドメイン』　講談社ブルーバックス、2015

中屋敷均著　『ウイルスは生きている』　講談社現代新書、2016

根路銘国昭著　『驚異のウイルス』　羊土社、2000

畑中正一著　『殺人ウイルスの謎に迫る!』　サイエンス・アイ新書、2008

ブルックス著　『まだ科学で解けない13の謎』　楡井浩一訳、草思社、2010

宮田隆著　『分子からみた生物進化』　講談社ブルーバックス、2014

山内一也著　『ウイルスと地球生命』　岩波書店、2012

（2）学術図書（参考書、専門書、辞典）

石川統ほか著　『シリーズ進化学③　化学進化・細胞進化』　岩波書店、2004

石川統ほか編　『生物学辞典』　東京化学同人、2010

ケインほか著　『ケイン生物学』　石川統監訳、東京化学同人、2004

下遠野邦忠ほか監訳『生命科学のためのウイルス学』　南江堂、2015

高田賢蔵編　『医科ウイルス学・改訂第3版』　南江堂、2009

遠山益著　『生命科学史』　裳華房、2006

中村運著　『細胞進化』　培風館、1987

ブラック著　『微生物学・第2版』　林英生ほか監訳、丸善、2007

宮田隆編　『分子進化』　共立出版、1998

（3）ウェブサイト

山内一也　『連載・生命科学の雑記帳』（一般社団法人予防衛生協会HP）（http://www.primate.sakura.ne.jp/category/zakki/）

【ま・や行】

【ら・わ行】

【た行】

【な行】

【は行】

【か行】

【さ行】

さくいん

N.D.C.465.8　254p　18cm

ブルーバックス　B-2010

生物《せいぶつ》はウイルスが進化《しんか》させた

巨大ウイルスが語る新たな生命像

2017年 4 月20日　第 1 刷発行
2022年 9 月 6 日　第 7 刷発行

著者　武村政春《たけむらまさはる》
発行者　鈴木章一
発行所　株式会社講談社
〒112-8001　東京都文京区音羽2-12-21
電話　出版　03-5395-3524
販売　03-5395-4415
業務　03-5395-3615
印刷所　（本文印刷）株式会社新藤慶昌堂
（カバー表紙印刷）信毎書籍印刷株式会社
製本所　株式会社国宝社

定価はカバーに表示してあります。

ISBN978-4-06-502010-4

発刊のことば

科学をあなたのポケットに

二十世紀最大の特色は、それが科学時代であるということです。科学は日に日に進歩を続け、止まるところを知りません。ひと昔前の夢物語もどんどん現実化しており、今やわれわれの生活のすべてが、科学によってゆり動かされているといっても過言ではないでしょう。

そのような背景を考えれば、学者や学生はもちろん、産業人も、セールスマンも、ジャーナリストも、家庭の主婦も、みんなが科学を知らなければ、時代の流れに逆らうことになるでしょう。

ブルーバックス発刊の意義と必然性はそこにあります。このシリーズは、読む人に科学的に物を考える習慣と、科学的に物を見る目を養っていただくことを最大の目標にしています。そのためには、単に原理や法則の解説に終始するのではなくて、政治や経済など、社会科学や人文科学にも関連させて、広い視野から問題を追究していきます。科学はむずかしいという先入観を改める表現と構成、それも類書にないブルーバックスの特色であると信じます。

一九六三年九月　野間省一